职业教育创新教材

电工技术基础与技能
（电类专业通用）

赵　杰　孙永旺　主　编

张文建　副主编

电子工业出版社
Publishing House of Electronics Industry
北京·BEIJING

内 容 简 介

本书以教育部颁布的《电工技术基础与技能》教学大纲为依据，贯彻落实教育部《关于进一步深化职业教育教学改革的若干意见》的精神，整合了电工基础、电工仪器仪表的基础知识和基础技能，突出培养模式的改革，旨在培养学生的综合素质和职业能力。本书包括基本直流参数、基本直流电表、过流保护电路、交流电路基本参数、RLC 电路、三相交流电路、照明电路七个学习领域，每个领域又由多个项目组成，项目中以工作流程为线索展开。

本书是电工电子技术类专业系列教材之一，是电工电子技术类专业基础教材，也可作为电工电子类高、中级工认证培训教材。

未经许可，不得以任何方式复制或抄袭本书之部分或全部内容。
版权所有，侵权必究。

图书在版编目（CIP）数据

电工技术基础与技能：电类专业通用 / 赵杰，孙永旺主编. —北京：电子工业出版社，2015.10
职业教育创新教材
ISBN 978-7-121-22349-5

Ⅰ. ①电… Ⅱ. ①赵… ②孙… Ⅲ. ①电工技术—高等职业教育—教材 Ⅳ. ①TM

中国版本图书馆 CIP 数据核字（2014）第 005851 号

策划编辑：施玉新
责任编辑：郝黎明
印　　刷：北京季蜂印刷有限公司
装　　订：北京季蜂印刷有限公司
出版发行：电子工业出版社
　　　　　北京市海淀区万寿路 173 信箱　邮编　100036
开　　本：787×1 092　1/16　印张：15.25　字数：390.4 千字
版　　次：2015 年 10 月第 1 版
印　　次：2015 年 10 月第 1 次印刷
定　　价：32.00 元

凡所购买电子工业出版社图书有缺损问题，请向购买书店调换。若书店售缺，请与本社发行部联系，联系及邮购电话：(010) 88254888。
质量投诉请发邮件至 zlts@phei.com.cn，盗版侵权举报请发邮件至 dbqq@phei.com.cn。
服务热线：(010) 88258888。

前　言

　　本门课程是中等职业学校电类专业的一门基础课程。其任务是使学生掌握电气电力类专业必备的电工技术基础知识和基本技能，具备分析和解决生产生活中一般电工问题的能力，具备学习后续电类专业技能课程的能力；并对学生进行职业意识培养和职业道德教育，提高学生的综合素质与职业能力，增强学生适应职业变化的能力，为学生职业生涯的发展奠定基础。具体地说，通过本课程的学习，学生将学会观察、分析与解释电的基本现象，理解电路的基本概念、基本定律和定理，了解其在生产生活中的实际应用；会使用常用电工工具与仪器仪表；能识别与检测常用电工元件；能处理电工技术实验与实训中的简单故障；掌握电工技能实训的安全操作规范。通过结合生产生活实际，本课程将帮助了解电工技术的认知方法，培养学习的学习兴趣，形成正确的学习方法，有一定的自主学习能力；通过参加电工实践活动，本课程将培养学生运用电工技术知识和工程应用方法解决生产生活中相关实际电工问题的能力；通过强化安全生产、节能环保和产品质量等职业意识，本课程还将促进学生良好的工作方法、工作作风和职业道德的养成。

　　1．教材编写的指导思想

　　2005 年，在国务院颁布的《国务院关于大力发展职业教育的决定》（国发〔2005〕35 号）文件中，明确提出了"推进职业教育办学思想的转变。坚持以服务为宗旨、以就业为导向的职业教育办学方针"。本书的编写将坚持职业教育办学方针，以新的教学大纲为依据，突出实践、突出技能，力求充分发挥教材的导向作用，引导教师和学生改变教和学的观念，让学生在活动过程中学习知识、掌握技能，培养学生的自主性学习、研究性学习能力，培养"创新、创优、创业"能力，培养团队协调能力与终身学习的能力，并适当的融入企业文化教育，让学生逐步形成产品意识与质量意识、安全意识、责任意识、成本意识。

　　2．教材编写的基本原则

　　① 坚持以就业为导向和学生能力可持续发展相统一的原则。教育是培养人的崇高的社会公益事业，本质上就要求以人为本，以学生为中心，一切服务学生，一切为了学生的成长、成才、就业和创业，努力为学生的全面发展创造良好的条件。本教材的编写将立足于职业岗位能力本位，促进职业教育与生产实践、技术推广、社会服务的紧密结合，以满足学生需求、社会期待和岗位需要为目标，实现教学内容与社会需求和岗位需要的零距离对接，为实施"双证书"教育服务，为学生走向社会、实现人生价值和承担社会责任奠定基础。

　　② 坚持教学与生产相结合，理论与实践相结合的原则。本教材的编写将以新大纲的要求为蓝本，以依据大纲而高于大纲为原则，将大纲要求的内容加以整合，并进行适当拓展（不是加深），将理论知识的学习与能力目标的培养相结合，突出实践、突出技能，改变传统专业基础课

程以课堂为中心、以基本理论知识学习为主的模式，探索理论与实践的一体化教学。课程内容体现职业性，贴近工程应用，加强基本实践技能的培养。

③坚持统一性与灵活性相结合的原则。既体现国家对中职电类专业人才培养规格的基本教学要求，规范教学次序，保障教学质量，又考虑不同地区、学校具体教学实施过程中的灵活性。

3．教材总体特点

① 思路新。作为一种全新的项目课程教材，既重视项目的完成，也注意吸取传统教学方法的长处，不忽略基础知识的掌握。围绕项目的完成过程展开课程内容，采取任务驱动、学做一体的教学方法，融理论教学、实践教学、生产、技术服务于一体，努力培养学生的职业能力，多数学习领域的启始都设计了案例导入，从现场需求与实践应用引入教学内容，引导学生的学习兴趣。通过"手脑并用"将关键知识点、基本实验技能融合在项目完成过程中，培养学生的学习能力，并在专业技能的训练过程中形成良好的工作习惯和工作方法。

② 结构新。秉承课题研究所体现的"能力本位－实践主线－项目主体"的脉络和"渗透式－嵌入式－整合式－衔接式"的先进理念。领域与领域间以认知规律为逻辑；若干个相关联的项目组成一个学习领域；项目是围绕知识点选取的，并且力求典型性。每个项目以项目实施的步骤为顺序，通过"知识链接"、"知识拓展"、"手脑并用"、"巩固提高"等环节进行展开，引导教学过程的理实一体，激发学生的学习动机，提高学生的技能水平以及分析问题和解决问题的能力。

③ 定位新。教材依据"学生中心"的教育理念编写，紧扣学生实际，从学生的文化素质、专业基础、学习习惯和职业需要等方面组织教学内容、选择教学方法、制定学习目标，力求达到学生"学得懂、学得进、学得会"的教材基本定位，给人以耳目一新之感。

本书在江苏教育科学研究院职业教育和终身教育研究所副所长马成荣研究员、南京信息职业技术学院电子工程学院华永平院长指导下，由扬州高等职业技术学校赵杰、孙永旺、张文建、张衍红、卢艳、陶忠、彭先华、韩薇薇共同编写，赵杰、孙永旺担任本书主编，并负责了全书的统稿工作。另外，在编写过程中扬州高等职业技术学校的领导、老师给予了大力支持和帮助。在此，谨向各位专家、领导和同事表示衷心的感谢。

由于编者水平有限，加之时间仓促，书中错误与不妥之处在所难免，恳请各位读者批评指正。

编　者

目　　录

学习领域一　基本直流参数 (1)

项目1　用电常识 (1)
　　第1步　安全用电的认识 (1)
　　第2步　体验用电保护措施 (5)

项目2　简单电路的连接 (9)
　　第1步　熟悉实训室 (9)
　　第2步　连接简单直流电路 (10)

项目3　电流和电压的测量 (14)
　　第1步　测量直流电流 (14)
　　第2步　测量直流电压和电位 (16)

项目4　电源参数的测量 (20)
　　第1步　测量电源电动势和内电阻 (20)
　　第2步　测量电源的输出功率 (24)
　　＊知识拓展　认识电源的模型 (27)

项目5　电阻的测量 (28)
　　第1步　认识常用电阻器 (28)
　　第2步　认识非线性电阻 (31)
　　第3步　电阻的测量 (35)
　　＊知识拓展　认识戴维宁定理和叠加定理 (37)

学习领域二　基本直流电表 (45)

项目1　电压表和电流表的制作 (45)
　　第1步　电压表的制作 (45)
　　第2步　电流表的制作 (56)

项目2　万用表的制作 (71)
　　第1步　万用表电路图的识读与元器件检测 (72)
　　第2步　万用表的装配与调试 (84)

学习领域三　过流保护电路 (95)

项目1　感知磁场磁路 (95)
　　第1步　感知磁场 (95)
　　第2步　感知磁路的物理量 (101)
　　第3步　感知铁磁性材料 (103)

项目2　过流保护电路的制作 (110)
　　第1步　继电器和干簧管的分析测试 (110)
　　第2步　过流保护电路的制作 (113)

学习领域四　交流电路基本参数 ………………………………………………… (115)

项目1　初识交流电路 ……………………………………………………… (115)
第1步　认识正弦交流电路的基本物理量 ……………………………… (115)
第2步　认识交流信号的表示方法 ……………………………………… (120)

项目2　纯电阻电路的测试 ………………………………………………… (121)
第1步　测试纯电阻电路的参数 ………………………………………… (121)
第2步　观测纯电阻电路的相位关系 …………………………………… (123)

项目3　感性电路的测试 …………………………………………………… (123)
第1步　体验电磁感应现象 ……………………………………………… (124)
第2步　简单测试电感器 ………………………………………………… (127)
第3步　测试感性电路参数 ……………………………………………… (131)

项目4　容性电路的测试 …………………………………………………… (133)
第1步　简单测试电容器 ………………………………………………… (133)
第2步　感知 RC 瞬态过程 ……………………………………………… (139)
第3步　测试容性电路参数 ……………………………………………… (144)

学习领域五　RLC 电路 ………………………………………………………… (147)

项目1　串联谐振电路的制作 ……………………………………………… (147)
第1步　测试串联电路 …………………………………………………… (147)
第2步　测试串联谐振电路 ……………………………………………… (151)

项目2　并联谐振电路的制作 ……………………………………………… (159)
第1步　认识非正弦周期波 ……………………………………………… (159)
第2步　测试电感器与电容器的并联谐振电路 ………………………… (161)

学习领域六　三相交流电路 …………………………………………………… (167)

项目1　制作模拟三相交流电源 …………………………………………… (167)
第1步　感知互感现象 …………………………………………………… (167)
第2步　互感线圈同名端的判断 ………………………………………… (172)
第3步　三相正弦交流电源的连接 ……………………………………… (181)

项目2　三相负载的连接 …………………………………………………… (185)

学习领域七　照明电路 ………………………………………………………… (191)

项目1　荧光灯具的安装 …………………………………………………… (191)
第1步　练习常用电工工具及材料的使用 ……………………………… (191)
第2步　荧光灯的安装 …………………………………………………… (213)
第3步　测试交流电路的功率 …………………………………………… (221)

项目2　安装配电线路 ……………………………………………………… (226)

参考文献 ………………………………………………………………………… (236)

学习领域一 基本直流参数

学习目标

- 了解安全电压的相关知识,体验用电保护措施
- 熟悉实训室,会进行简单直流电路的连接
- 掌握电流、电压、电源参数及电阻的测试
- 认识电源的模型,了解戴维宁定理和叠加定理

工作任务

- 安全用电、火线的判别、用电保护的识读
- 实训室的认识
- 简单电路的组成、电阻和电路模型的识读
- 电路的基本物理量及其测量

项目 1 用电常识

第 1 步 安全用电的认识

学习目标

- 了解安全电压的规定,树立安全用电与规范操作的职业意识
- 通过模拟演示等教学手段,了解人体触电的类型及常见原因,掌握防止触电的保护措施,了解触电的现场处理措施
- 通过模拟演示等教学手段,了解电气火灾的防范及扑救常识,能正确选择处理方法

工作任务

- 安全电压规定的识记
- 触电措施的识读

开动脑筋

(1) 触电伤害有哪几种?
(2) 发生触电事故后应如何急救?

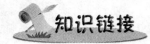 知识链接

1. 安全电压的规定

1) 安全电压

安全电压是指人体较长时间接触而不致发生触电危险的电压。

安全电压的电源必须采用双绕组变压器或安全隔离变压器，严禁用自耦变压器代替。安全隔离变压器一、二次绕组必须安装短路保护装置。一次绕组要加装漏电断路器，二次绕组不得与大地、保护零线连接，变压器的外壳要采用保护接零。

2) 安全用电注意事项

（1）不可用铜丝、铁丝代替熔丝。因铜丝、铁丝的熔点比熔丝的熔点高，当发生短路等事故时，线路无法切断（铜丝、铁丝不能熔断），失去了对电路的保护作用。

（2）不要移动处于工作状态的用电器，应在切断电源的条件下移动。防止电路中用电器的总功率负荷过大，导线中电流超过导线所允许通过的最大正常工作电流而引起导线发热，烧毁导线绝缘层，损坏用电设备。

（3）发现导线绝缘层破损时，应及时用电工绝缘胶布（专用胶布）包扎，不可使用白色医用胶布及一般塑料带包扎。

（4）用电器出现发声异常或有焦糊味等现象时，应迅速切断电源，防止酿成火灾。同时，请电工维修。

（5）从安全角度考虑，床头灯尽量不用灯头上的开关控制，应选用拉线或电子遥控开关控制。

2. 触电的类型及原因

人体因触及带电体而承受过高的电压，电流流过人体对人体造成伤害，严重时可引起心脏和呼吸骤停，也就是人的血液循环和呼吸功能突然停止，从而引起死亡，这种现象称为触电。人体是导电体，一旦有电流通过，将会受到不同程度的伤害。由于触电的种类、方式及条件不同，受伤的程度也不一样。

1) 触电的种类

人体触电有电击和电伤两类。

（1）电击是指电流通过人体时所造成的内伤，它可以使肌肉抽搐，内部组织损伤，造成发热、发麻、神经麻痹等，严重时将引起昏迷、窒息，甚至心脏停止跳动而死亡。通常说的触电就是电击，触电死亡大部分由电击造成。

（2）电伤主要是指电对人体外部造成的局部损伤，包括电流的热效应、化学效应、机械效应，以及电流本身作用下造成的人体外伤。常见的有灼伤、烙伤和皮肤金属化等现象，严重时也可能致命。

2) 触电事故发生的原因

（1）缺乏用电常识，触及带电的导线。

（2）没有遵守操作规程，人体直接与带电体接触。

(3) 由于用电设备管理不当,使绝缘损坏,发生漏电,人体碰触漏电设备外壳。
(4) 高压线落地,造成跨步电压,引起对人体的伤害。
(5) 检修中,安全组织措施和安全技术措施不完善,接线错误,造成触电事故。
(6) 其他偶然因素,如人体受雷击等。

3) 触电形式

(1) 单相触电。

单相触电如图 1.1.1 所示,这是常见的触电形式。人体的某一部分接触带电体的同时,另一部分又与大地或中性线相接,电流从带电体流经人体到大地(或中性线)形成回路。我国供电系统大部分是三相四线制,单相对地电压为 220 V,若触及是很危险的。

(2) 两相触电。

两相触电如图 1.1.2 所示,这是人体的不同部分同时接触两相电源时造成的触电。对于这种情况,无论电网中性点是否接地,人体所承受的线电压(380 V)都比单相触电时高,危险更大。

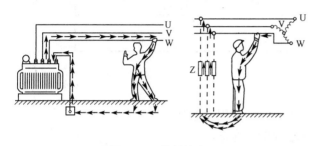

图 1.1.1 单相触电

图 1.1.2 两相触电

(3) 跨步电压触电。

如图 1.1.3 所示,架空电力线(特别是高压线)断散到地时,电流通过导线接地点流入大地,散发到四周土壤中,以导线接地点为中心,构成电位分布区域,越接近中心,地面电位越高。电位分布区域一般在半径为 15~20 m 的范围内。当人畜跨进这个区域时,两脚之间出现的电位差称为跨步电压。在这种电压作用下,电流从接触高电位的脚流进,从接触低电位的脚流出,从而形成触电。此时人应该将双脚并在一起或用单脚着地跳出危险区。

(4) 接触电压触电。

电力线接地后,除存在跨步电压外,如人体直接碰及带电导线,将会产生接触电压触电,这是十分危险的。

图 1.1.3 跨步电压触电

3. 防止触电的保护措施

防止触电的保护措施很多,常用的有绝缘防护、外壳或遮拦防护、屏护和间距、采用安全电压、采用漏电保护器、采用保护接地或保护接零等措施。

1) 绝缘防护

绝缘防护是用绝缘物将带电体封闭起来,防止碰触发生人体触电。

2) 外壳或遮拦防护

外壳防护是指为了防止人员误触电气元器件裸露的带电部分,将电气元器件安装在金属箱或盒内,对人起到安全防护的作用。

遮拦防护常用于带电的高压或低压电气设备的外围，用遮栏围护并在遮栏上悬挂"高压止步"的警示牌。

3）屏护和间距

屏护是指当某些带电体在使用中不能全部包绝缘时，为了防止人体碰触带电部位，对带电部位采用的遮拦、护罩、护网、闸箱等措施。所有屏护装置不能直接接触带电体，要有一定机械强度和耐燃性，金属屏护装置还必须采取保护接地或接零。间距是在操作方便的前提下，防止人体触及或接近带电体，避免其他电气设备碰撞或接近带电体及防止火灾发生的保护措施。安全距离的大小取决于电压的高低、设备的类型、安装的方法等因素。带电操作人员与带电体的最小安全距离见表1.1.1。

表1.1.1 带电操作人员与带电体的最小安全距离

带电体的电压	人与带电体的最小安全距离
0.4 kV	不得小于 0.4 m
10 kV	不得小于 0.7 m
35 kV	不得小于 1 m

4．用电注意事项

（1）严禁用一线（相线）一地（指大地），安装用电器具。

（2）在一个插座上不可接过多或功率过大的用电器。

（3）未掌握电气知识和技术的人员，不可安装和拆卸电气设备及线路。

（4）不可用金属丝绑扎电源线。

（5）不可用湿手接触带电的电气设备，如开关、灯座等，更不可用湿布揩擦电气设备。

（6）电动机和电气设备上不可放置衣物，不可在电动机上坐立，雨具不可挂在电动机或开关等的上方。

（7）堆放和搬运各种物资，安装其他设备，要与带电设备和电源线保持一定的安全距离。

（8）在搬运电钻、电焊机和电炉等可移动电气设备时，要先切断电源，不允许拖拉电源线来搬移电气设备。

（9）在潮湿环境中使用可移动电气设备，必须采用额定电压为 36 V 的低压电气设备。若采用额定电压为 220 V 的电气设备，其电源必须采用隔离变压器。在金属容器如锅炉、管道内使用移动电气设备时，一定要用额定电压为 12 V 的低压电气设备，并要加接临时开关，还要有专人在容器外监护。低压移动电气设备应装特殊型号的插头，以防误插入电压较高的插座上。

（10）雷雨时，不要走近高电压电杆、铁塔和避雷针的接地导线的周围，以防雷电入地时造成跨步电压触电。切勿走近断落在地面上的高压电线，万一高压电线断落在身旁或已进入跨步电压区域，要立即用单脚或双脚并拢迅速跳到 10 m 以外的地区，千万不可奔跑，以防跨步电压触电。

5．触电现场的处理措施

当人体触电后，人体会遭到严重的损伤。当人体通过的电流达到 100 mA 以上时，人的心脏会立刻停止跳动，呼吸系统会立刻停止工作，呈现出昏迷不醒的状态。如果采取了有效的急救措施，可以大幅度提高触电者得救的概率。若触电事故发生后 12 分钟内未对触电者实施任何急救措施，则其生还概率几乎为 0。触电急救方法如下。

1）脱离电源

人在触电后可能由于失去知觉或超过人的摆脱电流而不能自己脱离电源。此时抢救者不要惊慌，要在保护自己不触电的情况下使触电者脱离电源，方法如图 1.1.4 所示。

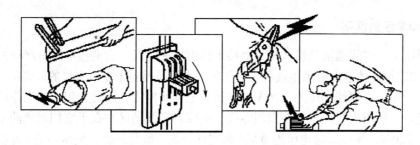

图 1.1.4　脱离电源的方法

2）触电的急救方法

（1）人工呼吸法。

人的生命的维持，主要靠心脏跳动而产生的血循环和通过呼吸而形成的氧气与废气的交换。如果触电者受伤害较严重，失去知觉，停止呼吸，但心脏微有跳动，应采用口对口的人工呼吸法。

（2）人工胸外挤压心脏法。

若触电者受伤害相当严重，心脏和呼吸都已停止，人完全失去知觉，则需要同时采用口对口人工呼吸和人工胸外挤压心脏两种方法。如果现场仅有一个人抢救，可交替使用这两种方法。先胸外挤压心脏 4~6 次，然后口对口呼吸 2~3 次，再按压心脏，反复循环进行操作。

在进行触电急救的同时要呼救，寻求医护人员的帮助。施行人工呼吸和心脏按压必须坚持不懈，直到触电者苏醒或医护人员前来救治为止。只有医生才有权宣布触电者真正死亡。

第 2 步　体验用电保护措施

学习目标

- ◇　掌握火线和零线的区别，了解试电笔的构造，并学会使用
- ◇　掌握保护接零的方法，了解其应用
- ◇　了解保护接地的原理

工作任务

- ◇　火线和零线的识读
- ◇　试电笔的使用
- ◇　保护接零和保护接地的识读

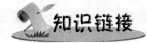

1. 火线和零线的区别

在家庭用电中,零线通常是指从变压器接地体引出来的线,它的接电阻有严格的规定,必须小于等于 0.5 Ω,这样才能保证用电设备正常使用。火线是相对于零线来说的,通常家庭用电只用三相电的其中一相,它的线电压为 220 V,它是通过零线构成回路使家用电器工作的。照明电路里的两根电线,一根叫火线,另一根则叫零线。火线和零线的区别在于它们对地的电压不同,火线对地电压为 220 V,零线对地电压为 0 V。家庭使用的一般是三孔插座而不是三相插座,中间是接地线,两边是火线和零线,右边为火线(L),左边为零线(N)。火线和零线都是带电的线。零线不带电是因为电源的另一端(零线)接了地,人在地上接触零线的时候,因为没有位差,就不会形成电流。零线和火线本来都是由电源出来的,电流的正方向就是由一端出,经过外部设备,从另一端进,形成一个回路。零线和火线的区别就是电源的两个端子中的一个接了大地。

2. 试电笔

试电笔是电工常用的一种辅助安全工具,用于检查 500 V 以下导体或各种用电设备外壳是否带电(即是否和大地之间有电位差)。试电笔外形是钢笔式结构,前端有金属探头,后端有金属挂钩。试电笔内部有发光氖泡、降压电阻及弹簧。试电笔的外形结构如图 1.1.5 所示。试电笔在使用时,必须用正确的方法握好,用手指触及笔尾的金属端,使氖泡小窗背光朝向自己,如图 1.1.6 所示。

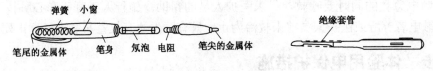

图 1.1.5 试电笔的外形结构

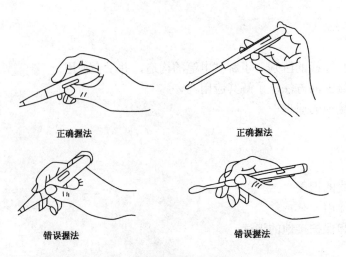

图 1.1.6 试电笔的握法

1) 试电笔的原理

试电笔的作用原理是当手拿着它测量带电体时，即使人穿了绝缘鞋或在绝缘物上，也认为形成了回路，因为绝缘物的漏电足以使氖泡启辉。只要带电体和大地之间存在的电位差超过一定数值（通常在 60 V 以上），试电笔就发出辉光，低于这个数值就不发光。它还可以区别相线和中性线，相线发光，中性线一般不发光。

2) 使用试电笔的安全知识

（1）测量前试电笔应先在确认的带电体上试验，以证明试电笔是否良好，防止因氖泡损坏而得出错误的判断。

（2）使用试电笔一般应穿绝缘鞋。

（3）在明亮光线下测试时，往往不易看清氖泡的辉光，此时应注意避光仔细测试。

（4）有些设备特别是测试仪表，工作时外壳往往因感应带电，用试电笔测试有电，但不一定会造成触电危险。这种情况下，必须用其他方法（如用万用表测量）判断是真正带电还是感应带电。

（5）对于 36 V 以下安全电压带电体，试电笔往往无效。

用低压试电笔按下列用途进行测试

1. 区别电压的高低

测试时可根据氖泡发光的强弱来估计电压的高低。

2. 区别相线与零线

在交流电路中，当试电笔触及导线时，氖泡发光的即是相线。正常的情况下，零线是不会使氖泡发光的。

3. 区别直流电与交流电

交流电通过试电笔时，氖泡里的两个电极同时发光；直流电通过试电笔时，氖泡里的两个电极只有一个发光。

4. 区别直流电的正负极

把试电笔连接在直流电的正负极之间，氖泡发光的一端即为直流电的负极。

5. 识别相线

用试电笔触及电机、变压器等电气设备外壳，若氖泡发光，则说明该设备相线有碰壳现象。如果壳体上有良好的接地装置，则氖泡是不会发光的。

6. 识别相线接地

用试电笔触及三相三线制星形接法的交流电路时，有两根稍亮，而另一根较暗，则说明较暗的相线有接地现象，但还不太严重。如果两根很亮，而另一根不亮，则不亮的一相有接地现象。在三相四线制电路中，当单相接地后，中性线用试电笔测量时，也会发光。

知识拓展

1. 保护接地和保护接零

保护接地和保护接零,是防止人体意外接触带电的电气设备金属外壳而引起触电事故的有效安全措施。当电气设备绝缘损坏或被击穿而出现故障时,金属外壳会出现危险的对地电压,人体一旦触及,就有可能发生触电事故。如果采用了保护接地或保护接零,就会降低外壳对地电压(即降低人体的接触电压和减小流过人体的电流)或产生很大的对地电流或短路电流,使低压断路器(即自动空气开关)或熔断器熔体快速动作或熔断,使电气设备脱离电源,从而避免事故的发生。

1)保护接地

所谓保护接地是指将电气设备不带电的金属部分与大地做电气连接,防止因绝缘损坏等故障而使不带电的金属部分带电,以保障人身安全。保护接地如图 1.1.7 所示。

2)保护接零

电气设备在正常情况下,将不带电的金属外壳用导线与电网中的零线连接起来,称为保护接零,如图 1.1.8 所示。其作用原理是:当用电设备某相发生绝缘损坏,引起碰壳时,由于保护零线有足够的截面,阻抗甚小,能产生很大的单相短路电流,使配电线路上的熔体迅速熔断,或使低压断路器自动断开,从而切断用电设备电源。因此,保护接地相比,保护接零的优越性在于能克服保护接地受制于接地电阻的局限性。

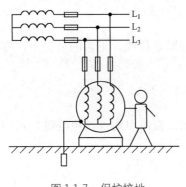

图 1.1.7 保护接地

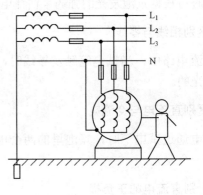

图 1.1.8 保护接零

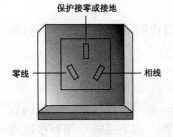

图 1.1.9 三孔插座

2. 采用保护接零时的注意事项

(1)在三相四线制低压供电系统中,中性线必须有良好的接地。

(2)零线不能装熔丝和开关,以防止零线断开时造成人身和设备事故。

(3)在同一供电系统中,不允许一部分设备采用保护接零而另一部分设备采用保护接地,以免当保护接地设备绝缘损坏,发生碰壳故障时,零线电位升高而发生事故。

（4）在安装单相三孔插座（图 1.1.9）时，正确的接法是将插座上接电源中性线的孔分别用导线并联到中性线上。

（1）触电急救的步骤是什么？
（2）预防触电的安全措施主要有哪些？
（3）电工安全操作规程的内容主要有哪些？
（4）触电形式有哪几种？
（5）如果有人发生触电，应该怎么办？
（6）简述口对口人工呼吸法的操作要点。
（7）简述人工胸外挤压心脏法的操作要点。
（8）试电笔有哪些使用技巧？
（9）使用试电笔应注意哪些问题？
（10）简述保护接地和保护接零的作用。

项目 2　简单电路的连接

第 1 步　熟悉实训室

学习目标

  ◇ 通过现场观察与讲解，了解电工实训室的电源配置及电工实训室操作规程，对本课程形成初步认识，培养学习兴趣

工作任务

  ◇ 实训室操作规程识读

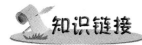

1. 认真仔细地做好预习

预习是实验、实训前必须做的准备工作，对顺利完成实验、实训任务，达到实验、实训目的起着十分重要的作用。预习的主要内容包括仔细阅读本次实验、实训内容及教科书中有关内容和规定的参考资料；明确本次实验、实训的目的和任务；了解实验、实训的基本原理、方法步骤和注意事项。实验、实训前要认真写好预习报告，主要内容有：

（1）实验、实训的内容和顺序。

(2) 实验、实训线路图。
(3) 主要操作步骤和注意事项。
(4) 实验、实训应保持的条件及测量的数据。
(5) 仪器、仪表、设备的选择。

2. 严肃认真地进行操作

实验、实训是具体实施实验、实训计划，使用仪器、仪表、设备完成课题要求的过程，要注意以下几点。

(1) 进入实训室后，不要大声喧哗，不要随意走动，不要串岗串位，有问题请老师帮助解决。

(2) 电路连接之前，首先要了解各种测量仪器、设备和元器件的额定值、使用方法和电源设备的情况。

(3) 实验、实训中使用的仪器、仪表、实验板及开关等，应根据连线清晰、调节顺手和读数观察方便的原则布局。

(4) 接线可按先串联后并联的原则，先接无源部分，再接有源部分。接好线后，仔细检查无误，经老师复查后方可通电实验。

(5) 实验、实训中要胆大心细、一丝不苟。认真观察现象，仔细读取数据，随时分析实验结果的合理性，如发现异常现象，应及时查找原因。

(6) 实验、实训完毕后先切断电源，再根据实验、实训要求核对数据，然后经老师审核，通过之后方可拆线，整理现场并将实验、实训仪器摆放整齐。

(7) 仪器、设备要倍加爱护，若有损坏情况，应立即报告指导老师检查处理。各实验桌的仪器、设备，不准任意搬动和调换。

3. 写好实验、实训报告

在实验、实训的基础上，对实验、实训现象和数据进行整理、计算和总结，然后写出实验、实训报告，从而加深对理论知识的理解。实验、实训报告的内容和要求如下。

(1) 实验、实训名称，学生所在班级、组别、姓名、同组人，实验、实训日期。
(2) 实验、实训目的。
(3) 实验、实训所用仪器、设备。
(4) 实验、实训内容和相应的实验线路图。
(5) 数据整理及曲线绘制。将原始数据整理制表，需要计算的数据要说明所用的计算公式。绘制曲线尽量使用坐标纸，曲线在坐标纸上的位置要适中，需要进行比较分析的曲线应画在同一坐标纸上。曲线要光滑连接，不要连成折线。
(6) 回答实验、实训报告要求中提出的问题。

第2步　连接简单直流电路

学习目标

- ✧ 连接简单电路，理解电路模型
- ✧ 认识简单的实物电路，了解电路组成的基本要素，会识读简单电路图
- ✧ 识别常用电池的外形、特点，了解其实际应用

工作任务

✧ 简单电路的连接
✧ 简单电路图的识读

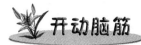

电路的组成

在初中物理课程中，学习过很多电路知识，图 1.2.1 所示的小灯泡发光电路即为一个十分简单但又很完整的典型电路。

简单分析图 1.2.1，并结合初中物理所学知识可知，电路是由_____、_____、_____和_____4 个基本部分组成的闭合回路。在以上电路中，_____就是两节干电池，_____就是灯泡。

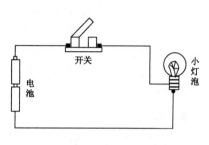

图 1.2.1 小灯泡发光电路

观察电路的正常状态

（1）对照图 1.2.1 连接电路。注意：连接电路时开关应置于断开状态。

（2）闭合开关，灯泡_____（发光/不发光），说明_____（有/没有）电流通过灯泡，该状态被称为闭路状态或通路状态。

（3）断开开关，灯泡_____（发光/不发光），说明_____（有/没有）电流通过灯泡，该状态被称为断路状态或开路状态。

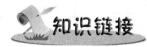

1. 电路的组成

由电源、用电器、导线和开关等组成的闭合回路，叫做电路。

1）电源

把其他形式的能量转变成电能的装置叫做电源。常见的直流电源有干电池、蓄电池和直流发电机等。

2）用电器

把电能转变成其他形式能量的装置称为用电器，也常称为电源的负载，如电灯、电铃、电动机、电炉等利用电能工作的设备。

3）导线

连接电源与用电器的金属线称为导线，它把电源产生的电能输送到用电器，常用铜、铝等材料制成。

4）开关

开关起到把用电器与电源接通或断开的作用。

2．电路的状态

电路的状态有如下几种。

（1）通路（闭路），即电路各部分连接成闭合回路，有电流通过。

（2）开路（断路），即电路断开，电路中没有电流通过。

（3）短路，即电源两端的导线直接相连。这时从电源流出的电流不经过负极，只经过连接导线直接流回电源。这种状态称为短路状态，简称短路。一般情况下，短路时的大电流会损坏电源和导线，应该尽量避免。有时，在调试电子设备的过程中，将电路某一部分短接，这是为了使与调试过程无关的部分没有电流通过而采取的一种方法。

3．电路图

在设计、安装或修理各种设备和用电器等的实际电路时，常要使用表示电路连接情况的图。这种用规定的符号表示电路连接情况的图，称为电路图。其图形符号见国家标准，几种常用的标准图形符号见表 1.2.1。

表 1.2.1 常用的标准图形符号

元器件名称	符 号	元器件名称	符 号
固定电阻	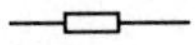	电容	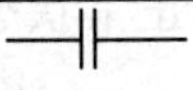
可调电阻		可调电容	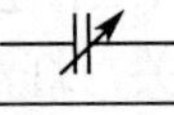
电池	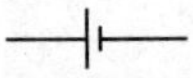	无铁芯电感	
开关	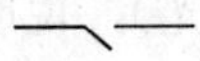	有铁芯电感	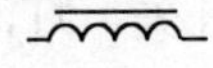
电流表	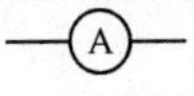	相连接的交叉导线	
电压表	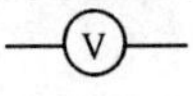	不相连接的交叉导线	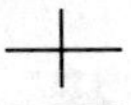
电压源	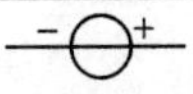	接地	
电流源		熔丝	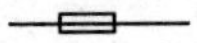

手脑并用

画电路图

在右边的虚线框中画图 1.2.1 所示电路相对应的电路图。

常用电池

电池分为原电池和蓄电池两种,都是将化学能转变为电能的元器件。原电池是不可逆的,即只能将化学能转变为电能(称为放电),故又叫做一次电池。而蓄电池是可逆的,即既可将化学能转变为电能,又可将电能转变为化学能(称为充电),故又叫做二次电池。因此,蓄电池对电能有储存和释放功能。

1. 蓄电池

常用蓄电池有两种:酸性的铅蓄电池和碱性的镍镉蓄电池。

铅蓄电池是在一个玻璃或硬橡胶制成的器皿中盛着电解质稀硫酸溶液,正极为二氧化铅板,负极为海绵状铅。在使用时通过正负极上的电化学反应,把化学能转化成电能,供给直流负载。反过来,电池在使用后进行充电,借助于直流电在电极上进行电化学反应,把电能转换成化学能而储存起来。

铅蓄电池的优点是:技术较成熟,易生产,成本低,可制成各种规格的电池。缺点是:比能量低(蓄电池单位质量所能输出的能量称为比能量),难于快速充电,循环使用寿命不够长,制成小尺寸外形比较难。

镍镉蓄电池的结构基本与铅蓄电池相同,电解质是氢氧化钾溶液,正极为氢氧化镍,负极为氢氧化镉。

镍镉蓄电池的优点是:比能量高于铅蓄电池,循环使用寿命比铅蓄电池长,快速充电性能好,密封式电池长期使用免维护。缺点是:成本高,有"记忆"效应。由于镉是有毒的,因此,废电池应回收。

2. 干电池

干电池的种类较多,但以锌锰干电池(即普通干电池)最为人们所熟悉,在实际应用中也最普遍。

锌锰干电池分糊式、叠层式、纸板式和碱性型等数种,以糊式和叠层式应用最为广泛。锌锰干电池阴极为锌片,阳极为碳棒(由二氧化锰和石墨组成),电解质为氯化铵和氯化锌水溶液。二氧化锰的作用是将碳棒上生成的氢气氧化成水,防止碳棒过早极化。

3. 微型电池

微型电池是随着现代科学技术发展,尤其是随着电子技术的迅猛发展,为满足实际需要而出现的一种小型化的电源装置。它既可制成一次电池,也可制成二次电池,广泛应用于电子表、计算器、照相机等电子设备中。

微型电池分两大类,一类是微型碱性电池,品种有锌氧化银电池、汞电池、锌镍电池等,其中以锌氧化银电池应用最为普遍;另一类是微型锂电池,品种有锂锰电池、锂碘电池等,以锂锰电池最为常见。

4. 光电池

光电池是一种能把光能转换成电能的半导体元器件。太阳能电池是普遍使用的一种光电池，其材料以硅为主。通常将单晶体硅太阳能电池通过串联和并联组成大面积的硅光电池组，可用做人造卫星、航标灯及边远地区的电源。

为了解决无太阳光时负载的用电问题，一般将硅太阳能电池与蓄电池配合使用。有太阳光时，由硅太阳能电池向负载供电，同时蓄电池充电；无太阳光时，由蓄电池向负载供电。

常见的电池如图 1.2.2 所示。

(a) 干电池

(b) 纽扣电池

(c) 方形电池

(d) 镍镉电池

图 1.2.2　常见的电池

（1）电路是由哪几部分组成的？各部分有何作用？

（2）电路通常有哪三种状态？各有什么特点？

项目 3　电流和电压的测量

第 1 步　测量直流电流

学习目标

- 理解电流的概念，能进行简单电流的计算，能正确选择和使用电工仪表测量小型用电设备的电流

工作任务

- 直流电流概念的识读
- 直流电流的测量与原理

直流电流的测量

（1）将量限为 0.3 A 和 1.5 A 的两量限电流表串联进图 1.2.1 所示的电路。
（2）闭合开关，观察电流表的偏转情况，确定该量限是否合适，若不合适则立即更换。
（3）测出电路中的电流，并将结果填入表 1.3.1 中。

表 1.3.1 记录表

最 佳 量 限	所 测 电 流

电流

1．电流的形成

电荷的定向移动形成电流。例如，金属导体中自由电子的定向移动，电解液中正负离子沿着相反方向的移动，阴极射线管中的电子流等，都是电流。要形成电流，首先要有能自由移动的电荷——自由电荷。但只有自由电荷还不能形成电流。例如，导体中有大量的自由电荷，它们不断地做无规则的热运动，朝任何方向运动的概率都一样。在这种情况下，对导体的任何一个截面来说，在任何一段时间内从截面两侧穿过截面的自由电荷数都相等。从宏观上看，没有电荷的定向移动，因而也没有电流。如果把导体放进电场内，导体中的自由电荷除了做无规则的热运动外，还要在电场力的作用下做定向移动，形成电流。但由于很快就达到静电平衡状态，电流将消失，导体内部的场强变为零，整块导体成为等位体，可见要得到持续的电流，就必须设法使导体两端保持一定的电压（电位差），导体内部存在电场，才能持续不断地推动自由电荷做定向移动。这是在导体中形成电流的条件。电流形成的过程如图 1.3.1 所示。

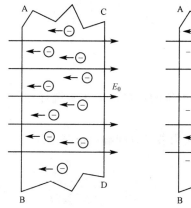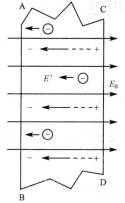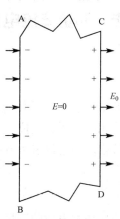

图 1.3.1 电流形成的过程

2. 电流

电流既是一种物理现象，又是一个表示带电子定向运动强弱的物理量。电流的大小等于通过导体横截面的电荷量与通过这些电荷量所用的时间的比值。如果在时间 t 内通过导体横截面的电荷量为 q，那么，电流为

$$I = \frac{q}{t}$$

在国际单位制中，电流的单位为 A（安），1 A 即表示 1 s 内通过导体横截面的电荷量为 1 C。常用的单位还有 mA（毫安）和 μA（微安）。

$$1\ A = 10^3\ mA = 10^6\ \mu A$$

习惯上规定正电荷定向移动的方向为电流方向。不过要注意，电流虽有方向，但它不是矢量。电流的方向是客观存在的，但具体分析电路时，往往很难判断某段电路中电流的实际方向。为解决这一问题，引入电流参考方向的概念，分析步骤如下：

（1）在分析电路前，可以任意假设一个电流的参考方向。

（2）参考方向一经选定，电流就成为一个代数量，有正、负之分。若电流计算结果为正值，则表明电流的设定参考方向与实际方向相同，如图 1.3.2（a）所示；若电流计算结果为负值，则表明电流的设定参考方向与实际方向相反，如图 1.3.2（b）所示。

图 1.3.2　用箭头表示电流的参考方向

（3）在未设定参考方向的情况下，电流的正负值是毫无意义的。

（4）今后电路中所标注的电流方向都是指参考方向，不一定是电流的实际方向。

方向不变的电流为直流电流，大小和方向都不随时间变化的电流叫做稳恒电流。稳恒电流是直流电流中的一种，但实际应用中，若不特别强调，一般所说的直流电流就是指稳恒电流。

第 2 步　测量直流电压和电位

学习目标

- ◆ 理解电压和电位的概念，能进行简单电压和电位的计算，能正确选择和使用电工仪表测量相关电压和电位
- ◆ 理解电压和电位参考方向的含义和作用，会应用参考方向解决电路中的实际问题

工作任务

- ◆ 直流电压与电位的测量
- ◆ 电工仪表的使用

1. 按照图 1.3.3 连接好电路

2. 电压测量

闭合开关 S，用万用表直流电压挡分别测量电压 U_{ae}，U_{ab}，U_{bc}，U_{cd}，U_{de}，将万用表和电流表读数记入表 1.3.2 中。

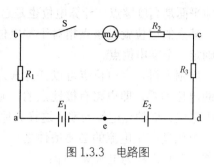

图 1.3.3　电路图

表 1.3.2　记录表

I/A	U_{ae}/V	U_{ab}/V	U_{bc}/V	U_{cd}/V	U_{de}/V

3. 电位测量

（1）把万用表转换开关放在直流电压挡上，将负表笔接电路 e 点（$V_e=0$），用正表笔依次测量 a，b，c，d 各点电位，并记入表 1.3.3 中。

表 1.3.3　记录表

测量参考点	测 量 结 果				
	V_a/V	V_b/V	V_c/V	V_d/V	V_e/V
a					
b					
c					
d					
e					

（2）将负表笔分别接 a，b，c，d 点，重复步骤（1），测量电路中各点的电位，并记入表 1.3.3 中。如遇表针反转则将表笔互换，这时负表笔所接点的电位应为负值。

选择不同参考点时，电路中各点的电位有无变化？这时，任意两点间的电压有无变化？为什么？

电压和电位

电路中每一点都应有一定的电位，就如同空间中的每一点都对应一定的高度一样。计算高度先要确定一个计算的起点，即高度零点，如工厂的烟囱高度为 30 米，它是从地平面算起的，即地平面是高度零点。计算电位也是这样，也要先确定一个计算电位的起点，称为零电位点。

某点的电位就是该点相对于零电位点的电压。由此可见，要确定电路中各点的电位，首先要确定一个零电位点。

原则上讲，零电位点可以任意选定，但习惯上常规定接地点的电位为零或电路中电位最低点的电位为零，即电路有接地点的，则接地点为零电位点；电路没有接地点的，则最好规定电路中电位最低的点电位为零，这样其他各点的电位都会为正值，计算比较方便。

电压是产生电流的必要条件之一。作为一个物理量，两点间的电压就是电路中两点间的电位差，有时也称为电压降，即：

$$U_{AB} = V_A - V_B$$

式中，U_{AB} 为 A、B 两点间的电压，V_A 为 A 点的电位，V_B 为 B 点的电位。

若 A 点的电位 V_A 比 B 点的电位 V_B 高，则 U_{AB} 为正值；若 A 点的电位 V_A 比 B 点的电位 V_B 低，则 U_{AB} 为负值。

为了分析问题方便，还常在电路中标出电压的方向，规定电压的方向由高电位点指向低电位点。

由上面的分析可知，零电位点选取不同，则电路中同一点的电位也会不同，即电位是相对的，其大小与零电位点的选取有关。零电位点选取不同，则任意一点的电位也不同，但任意两点间的电压却是不变的，即电压是绝对的。

电工仪表的使用

1. 认识电流表

直流电流表是测量直流电流的仪表，它有安培表、毫安表和微安表之分。电流表的内阻一般都很小，通常可以忽略不计。

电流表在使用中要注意以下几点：

（1）电流表应串联于被测电路的低电位一侧，即靠近电源负极的一侧。

（2）电流表的量限应大于被测量，测量时应尽量使电流表指针指示在三分之二到满刻度之间。

（3）被测电流应从"+"端钮流入电流表，由"−"端钮流出。

（4）使用前要检查电流表的指针是否指零，若不指零，则用螺丝刀调节调零机构，使之指零。

（5）待电流表指针稳定后再读数，且尽量使视线与刻度盘垂直。如果刻度盘有反光镜，则应使指针和它在镜中的影像重合，以减小读数误差。

2. 电压表的使用

电压要用电压表来测量。电压表的内阻一般都很大，接入电路后电压表中所通过的电流一般很小，通常可以忽略不计。

电压表在使用中要注意以下几点：

（1）电压表应并联于被测电路中，测量时应先接低电位一端，后接高电位一端。

（2）电压表的量限应大于被测量，测量时应尽量使电压表指针指示在三分之二到满刻度之间。若某次测量时电压表的指针偏转的角度很小，则说明量限过大，应选用小一点的量限；反之，若电压表的指针偏转超过了最大刻度，则说明量限过小，应选用大一点的量限。

（3）被测电流应从"+"端钮流入电压表，由"-"端钮流出。例如，要测量 A、B 两点间的电压，即测量 U_{AB}，则应将电压表的"+"端与 A 点相接，"-"端或"*"端与 B 点相接。若电压表正向偏转，则说明 A 点电位高于 B 点电位，U_{AB} 为正，电压表的示数即为其值。若电压表反偏，则说明 A 点电位低于 B 点电位，U_{AB} 为负，此时应更换电压表的极性重新测量，电压表的示数仅为 U_{AB} 的大小，记录时应在其值前加上负号。

电位的测量也是如此。某点对零电位点的电压为正，则该点的电位就为正值；反之，若某点相对于零电位点的电压为负，则该点的电位即为负值。

（4）使用前要检查电压表的指针是否指零，若不指零，则用螺丝刀调节调零机构，使之指零。

（5）待电压表指针稳定后再读数，且尽量使视线与刻度盘垂直。如果刻度盘有反光镜，则应使指针和它在镜中的影像重合，以减小读数误差。

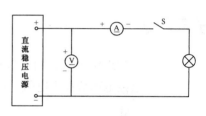

图 1.3.4　实验电路

3．测量直流电流

按图 1.3.4 所示连接电路，调节直流稳压电源，输出 6.5 V 稳定电压，断开开关，改变电流表的量程，闭合开关，观测电流表指针偏转的角度和电路状态，并在表 1.3.4 中记录两种状态下的电流值。

表 1.3.4　记录表

项　目 电路状态	电压值（V）	电流值（mA）
闭合		
断开		

4．测量直流电压

按图 1.3.4 所示连接电路，调节直流稳压电源，输出 6.5 V 稳定电压，断开开关，改变电压表的量程，闭合开关，观测电压表指针偏转的角度和电路状态，并在表 1.3.4 中记录两种状态下的电压值。

开动脑筋

（1）若电流表指针偏转的角度过小，如何改变电流表的量程？
（2）若电流表指针偏转的角度过大，如何改变电流表的量程？
（3）若不能估计电路中电流的大小，如何选择电流表的量程？
（4）若电压表指针偏转的角度过小，如何改变电压表的量程？
（5）若电压表指针偏转的角度过大，如何改变电压表的量程？
（6）若不能估计电路中电压的大小，如何选择电压表的量程？

在某直流电路中，$U_{AB}=10$ V，$U_{AC}=-8$ V，$U_{CD}=5$ V，若 C 点接地，求 A、B、C、D 各点的电位。

项目4　电源参数的测量

第1步　测量电源电动势和内电阻

学习目标

◆ 通过与现实生活中的实例类比，能理解电动势和内电阻的物理概念及欧姆定律，能进行电源电动势和内电阻的简单测量和计算

工作任务

◆ 电动势、内电阻的识读
◆ 电源电动势与内电阻的测量

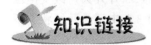

使用干电池的手电筒使用一段时间后，我们发现灯光越来越暗了，最后几乎不亮了，我们通常说"电池没电了"，但测电池两端的电压值基本上还等于使用前的电压值，这是为什么呢？

1. 电动势和内电阻

电路中要有电流通过，就必须在它的两端保持电压。干电池、蓄电池、发电机等电源能够在电路中产生和保持电压。下面讨论电源是怎样产生这种作用的。

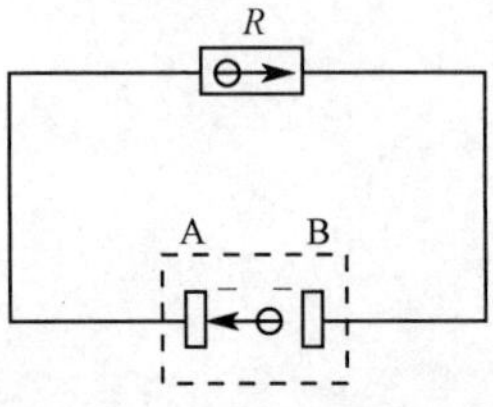

图 1.4.1 是一个简化了的带有电源的电路示意图。虚线框内是电源，A 是电源的正极，B 是电源的负极，R 是用电器。电源外部的电路叫外电路，电源内部的电路叫内电路。

电源的工作就是把正电荷从 B 极移送到 A 极，或者把负电荷从 A 极移送到 B 极。为了使问题简化，我们只讨论把正电荷从 B 极移送到 A 极的情形。把正电荷从 B 极取走，B 极上就出现了等量的负

图 1.4.1　电路示意图

电荷。要把正电荷送到 A 极，一定要有一种力来反抗正负电荷间的静电引力，这种力一定不是静电力，就称之为非静电力。不同电源的非静电力的来源可以不同，干电池和蓄电池的非静电力来自化学作用，发电机的非静电力来自电磁作用。

非静电力把正电荷移送到 A 极，A 极就有了多余的正电荷，B 极就有了等量的负电荷。于是在电源内部形成了电场。这个电场是阻碍正电荷从 B 极移到 A 极的，两极上的异种电荷越多，阻碍正电荷从 B 极移到 A 极的静电力就越大。如果外电路是断开的，当两极上的异种电荷达到一定值时，静电力和非静电力对电荷的作用达到平衡，正电荷从 B 极移到 A 极的过程停止，这时电源两极间就建立了一定的电压。如果使外电路闭合，在外电路中也形成了电场，正电荷就要通过外电路从 A 极移到 B 极，在那里跟负电荷中和。于是两极的电荷减少，电源内部的电场减弱，静电力和非静电力的平衡受到破坏，在电源内部又出现把正电荷从 B 极移到 A 极的过程。这个过程使电源两极保持一定的电压，使电路中持续有电流通过。非静电力在电源内部把正电荷从负极移到正极，是要做功的。这个做功的过程，实际上就是把其他形式的能转化为电能的过程。因此，从能量转化观点来看，电源就是把其他形式的能转化为电能的装置。例如，电池是把化学能转化为电能的装置，发电机是把机械能转化为电能的装置。

对于同一个电源来说，非静电力把一定量的正电荷从负极移送到正极所做的功是一定的。但对不同的电源来说，把同样多的正电荷从负极移送到正极所做的功，一般是不同的。在移送电荷量相等的情况下，非静电力做的功越多，电源把其他形式的能转化为电能的本领也越大。电源的这种本领，可用电动势来表示。

非静电力把正电荷从负极经电源内部移送到正极所做的功与被移送的电荷量的比值，叫做电源的电动势，用字母 E 表示。如果被移送的电荷量为 q，非静电力做的功为 W，那么电动势为

$$E = \frac{W}{q}$$

式中，W、q 的单位分别是 J、C。电动势 E 的单位与电位、电压的单位相同，是 V。每个电源的电动势是由电源本身决定的，跟外电路的情况没有关系。例如，干电池的电动势是 1.5 V，铅蓄电池的电动势是 2 V。电动势是一个标量，但它和电流一样有规定的方向，即规定自负极通过电源内部到正极的方向为电动势的方向。

实际电源内部都有一定电阻，称为电源的内电阻。理想电源内电阻为零，一般电源都可视为理想电源和内电阻的串联。

2. 欧姆定律

在导体两端加上电压后，导体中才有持续的电流，那么，所加的电压与导体中的电流又有什么关系呢？通过实验可得到下述的结论：导体中的电流与它两端的电压成正比，与它的电阻成反比，这就是部分电路的欧姆定律。用 I 表示通过导体的电流，U 表示导体两端的电压，R 表示导体的电阻，则欧姆定律可以写成如下的公式：

$$I = \frac{U}{R} \text{ 或 } U = RI$$

公式中的比例恒量为 1，因为在国际单位制中是这样规定电阻单位的：如果某段导体两端的电压是 1 V，通过它的电流是 1 A 时，这段导体的电阻就是 1 Ω。所以，在应用欧姆定律时，要注意 U、I、R 的单位应分别用 V、A、Ω。

根据闭合电路的欧姆定律,测量电源电动势和内电阻的方法如下。

(1) 如图 1.4.2(a)所示,改变变阻器的阻值,从电流表、电压表中读出两组 U 和 I 的值,由 $U = E - Ir$ 可得:

$$E = \frac{I_1 U_2 - I_2 U_1}{I_1 - I_2}$$

$$r = \frac{U_2 - U_1}{I_1 - I_2}$$

(2) 为减小误差,至少测出 6 组 U 和 I 值,且变化范围要大些,然后在 $U - I$ 图中描点作图,由纵截距和斜率得出 E 和 $r(r = \frac{\Delta U}{\Delta I} = \tan \alpha = \frac{E}{I_m})$,如图 1.4.2(b)所示。

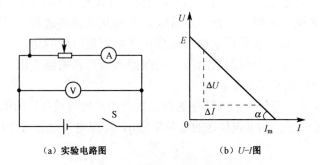

(a) 实验电路图   (b) $U-I$ 图

图 1.4.2　测量电源电动势和内电阻

手脑并用

1. 实验步骤

(1) 恰当选择实验器材,按图连好实验仪器,使开关处于断开状态且滑动变阻器的滑动触头滑到使接入电阻值最大的一端。

(2) 闭合开关 S,接通电路,记下此时电压表和电流表的示数。

(3) 将滑动变阻器的滑动触头由一端向另一端移动至某位置,记下此时电压表和电流表的示数。

(4) 继续移动滑动变阻器的滑动触头至其他几个不同位置,记下各位置对应的电压表和电流表的示数。

(5) 断开开关 S,拆除电路。

(6) 在坐标纸上以 U 为纵轴,以 I 为横轴,作出 $U - I$ 图,利用该图求出 E、r。

2. 实验误差分析

1) 偶然误差

偶然误差主要来源于电压表和电流表的读数，以及作 $U-I$ 图时描点不太准确。

2) 系统误差

系统误差来源于未计电压表分流，近似地将电流表示数看做干路电流。实际上电流表的示数比干路电流略小。若根据实验得到的数据作出图 1.4.3 中实线（a）所示的 $U-I$ 图，那么考虑到电压表的分流后，得到的 $U-I$ 图应是图 1.4.3 中的虚线（b）。由此可见，按实验电路测出的电源电动势 $E_{测} < E_{真}$，电源内电阻 $r_{测} < r_{真}$。

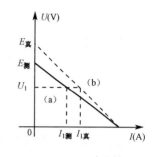

图 1.4.3 外特性

说明：

（1）外电路短路时，电流表的示数（即干路电流的测量值）$I_{测}$ 等于干路电流的真实值，所以图中（a）、（b）两线交于短路电流处。

（2）当路端电压（即电压表示数）为 U_1 时，由于电流表示数 $I_{1测}$ 小于干路电流 $I_{1真}$，所以（a）、（b）两线出现了图中所示的差异。

3. 注意事项

（1）电流表要与变阻器靠近，即电压表直接测量电源的路端电压。

（2）选用内阻适当大一些的电压表。

（3）两表应选择合适的量程，使测量时偏转角大些，以减小读数时的相对误差。

（4）尽量多测几组 U、I 数据（一般不少于 6 组），且数据变化范围要大些。

（5）作 $U-I$ 图时，让尽可能多的点落在直线上，不落在直线上的点均匀分布在直线两侧。

数据处理的方法

（1）本实验中，为了减小实验误差，一般用作图法处理实验数据，即根据各次测出的 U、I 值，作 $U-I$ 图，所得图线延长线与 U 轴的交点即为电动势 E，图线斜率的值即为电源的内电阻 r，即

$$r = \frac{\Delta U}{\Delta I} = \frac{E}{I_m}$$

（2）应注意当电源内电阻较小时，U 的变化较小，描出的点呈现图 1.4.4（a）所示的状态，下面有大块面积得不到利用，所描得的点及作出的图线误差较大。为此，可使纵轴不从零开始，如图 1.4.4（b）所示，把纵坐标比例放大，可使结果误差小些。此时，图线与纵轴的交点仍代表电源的电动势，但图线与横轴的交点不再代表短路状态，计算内电阻要在直线上选取两个相距较远的点，由它们的坐标值计算出斜率的绝对值，即为内电阻 r。

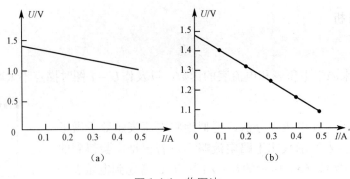

图 1.4.4　作图法

第 2 步　测量电源的输出功率

学习目标

- 理解电功率的概念，并能进行简单计算
- 能使用间接测量法测量电源的输出功率，并体验最大输出功率传输的实现方法

工作任务

- 电功率的识读
- 电源输出功率的测量

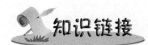

1. 电能

在导体两端加上电压，导体内就建立了电场。电场力在推动自由电子定向移动中要做功。设导体两端的电压为 U，通过导体横截面的电荷量为 q，电场力所做的功即电路所消耗的电能 $W=qU$，由于 $q=It$，所以

$$W = UIt$$

式中，W、U、I、t 的单位应分别用 J（焦耳）、V（伏特）、A（安培）、s（秒）。在实际应用中常以 $kW \cdot h$（千瓦时，俗称度）作为电能的单位。

电流做功的过程实际上是电能转化为其他形式的能的过程。例如，电流通过电炉做功，电能转化为热能；电流通过电动机做功，电能转化为机械能；电流通过电解槽做功，电能转化为化学能。

2. 电功率

在一段时间内，电路产生或消耗的电能与时间的比值叫做电功率。用 P 表示电功率，即

$$P = \frac{W}{t} \text{ 或 } P = UI$$

式中，P、U、I 的单位应分别用 W（瓦）、V（伏）、A（安）。可见，一段电路上的电功率，跟这段电路两端的电压和电路中的电流成正比。

用电器上通常标明它的电功率和电压，叫做用电器的额定功率和额定电压。如果给它加上额定电压，它的功率就是额定功率，这时用电器正常工作。根据额定功率和额定电压，很容易算出用电器的额定电流。例如，220 V、40 W 灯泡的额定电流就是 $\dfrac{40}{220}$ A ≈ 0.18 A。加在用电器上的电压改变，它的功率也随之改变。

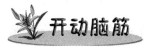

实验室里没有直接测量功率的仪器，怎样可以得到功率 P 呢？

1. 实验电路图

实验电路图如图 1.4.5 所示。

2. 记录数据

利用 $P = UI$ 计算，使用间接测量法测量电源的输出功率。本实验中需要多次改变外电阻，那么怎么确定外电阻呢？可以用 $R = U/I$ 代替。

连接好电路，改变外电阻，在表 1.4.1 中记录测量数据。

表 1.4.1　记录表

次　　数	1	2	3	4	5	6	7	8
I（A）								
U（V）								
$R = U/I$（Ω）								

在图 1.4.6 中作出 P-R 图。

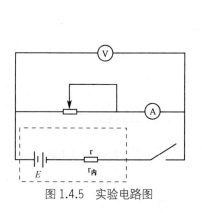

图 1.4.5　实验电路图　　　　　　图 1.4.6　P-R 图

3. 数据处理

分析数据和图，得出实验结论：当外电阻增大时，电源输出功率先增大后减小。

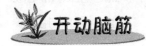

结果分析

容易证明：在电源电动势 E 及其内电阻 R_0 保持不变时，负载 R 获得最大功率的条件是 $R = R_0$，此时负载的最大功率为

$$P_{max} = \frac{E^2}{4R}$$

电源输出的最大功率是

$$P_{EM} = \frac{E^2}{2R_0} = \frac{E^2}{2R} = 2P_{max}$$

图 1.4.7 中的曲线表示了电动势和内电阻均恒定的电源输出的功率 P 与负载电阻 R 的关系。

这样就得出了结论：当电源给定而负载可变，外电路的电阻等于电源的内电阻时，电源的输出功率最大，这时叫做负载与电源匹配。

当电源的输出功率最大时，由于 $R=R_0$，所以，负载上和内阻上消耗的功率相等，这时电源的效率不高，只有 50%。在电工和电子技术中，根据具体情况，有时要求电源的输出功率尽可能大些，有时又要求在保证一定功率输出的前提下尽可能提高电源的效率，这就要根据实际需要选择适当阻值的负载，以充分发挥电源的作用。

上述原理在许多实际问题中得到应用。例如，在多级晶体管放大电路中，总是希望后一级能从前一级获得较大的功率，以提高整个系统的功率放大倍数。这时，前一级放大器的输出电阻相当于电源内阻，后一级放大器的输入电阻则相当于负载电阻，当这两个电阻相等时，后一级放大器就能从前一级放大器得到最大的功率，这叫做放大器之间的阻抗匹配。

【例题】 如图 1.4.8 所示，直流电源的电动势 $E = 10\ V$，内电阻 $r = 0.5\ \Omega$，电阻 $R_1 = 2\ \Omega$，可变电阻 R_P 调至多大时可获得最大功率 P_{max}？

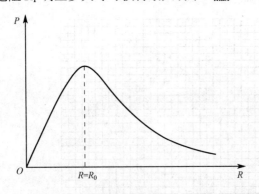

图 1.4.7 电源输出功率与负载电阻的关系

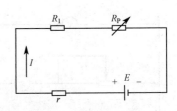

图 1.4.8 例题电路图

解：将 R_1 视为电源内电阻的一部分，则电源内电阻就是 R_1+r

根据电源输出功率最大的条件，可以知道，$R_P=R_1+r=2.5\ \Omega$ 时可获得最大功率，即

$$P_{max}=\frac{E^2}{4R_P}=10\ W$$

* 知识拓展　认识电源的模型

学习目标

◇　了解电压源和电流源的概念，了解实际电源的电路模型

工作任务

◇　电压源和电流源的概念

两种电源的电路模型

电路需要有电源，对于负载来说，电源可以看作电压的提供者，也可以看作电流的提供者，下面分析这两种情况。

1. 电压源

为电路提供一定电压的电源可用电压源来表示。如果电源内阻为零，电源将提供一个恒定不变的电压，称为理想电压源，简称恒压源。根据这个定义，理想电压源具有下列两个特点：一是它的电压恒定不变；二是通过它的电流可以是任意的，且取决于与它连接的外电路负载的大小。如图 1.4.9（a）所示是理想电压源在电路图中的符号。实际的电源，其端电压随着通过它的电流而发生变化。例如，当电池接上负载后，其端电压就会降低，这是因为电池内部有电阻存在，内阻为零的理想电压源实际上是不存在的。像电池一类的实际电源，可以看作由理想电压源与一内阻串联的组合，如图 1.4.9（b）所示。

2. 电流源

为电路提供一定电流的电源可用电流源来表示。如果电源内阻为无穷大，电源将提供一个恒定的电流，称为理想电流源，简称恒流源。根据这个定义，理想电流源的端电压是任意的，由外部连接的电路来决定，但它提供的电流是一定的，不随外电路而改变。图 1.4.10（a）是理想电流源在电路图中的符号。实际上电源内阻不可能为无穷大，可以把理想电流源与一内阻并联的组合等效成一个实际电流源，如图 1.4.10（b）所示。

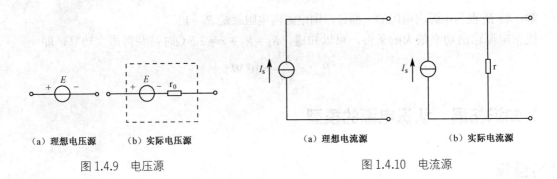

(a) 理想电压源　　(b) 实际电压源　　　　　　(a) 理想电流源　　(b) 实际电流源

图 1.4.9　电压源　　　　　　　　　　图 1.4.10　电流源

巩固提高

（1）220 V、60 W 的白炽灯平均每天工作 3 小时 15 分钟，一个月（30 天）它耗电多少焦耳？合多少千瓦时？

（2）一个 10 Ω的灯泡加上 3 V 的电压，通过灯泡的电流为多少安培？灯泡损耗的功率为多少瓦？

（3）一个电源的电动势为 1.5 V，内电阻为 0.1 Ω，外电路上的电阻为 1.4 Ω，求电路中的电流强度和路端电压。

（4）一个电源，当输出电流为 1 A 时，电源的端电压为 11 V；当电源的输出电流为 2 A 时，电源的端电压为 10 V，则电源的电动势和内电阻为多少？

（5）一个电源，当接 5 Ω负载电阻时，端电压为 10 V；当接 11 Ω负载电阻时，所通过的电流为 1 A，则该电源的电动势和内电阻为多少？当该电源的负载电阻为多少时，该电源的输出功率最大？最大输出功率为多少？

项目 5　电阻的测量

第 1 步　认识常用电阻器

学习目标

　　◇　了解电阻器及其参数，会计算导体电阻
　　◇　识别常用、新型电阻器，了解常用电阻器的外形及应用

工作任务

　　◇　简单区分电阻器
　　◇　识读常见电阻器

知识链接

电阻

金属导体中的电流是自由电子的定向移动形成的。自由电子在运动中要与金属正离子频繁碰撞，每秒钟的碰撞次数高达 105 次左右。这种碰撞阻碍了自由电子的定向移动，表示这种阻碍作用的物理量叫做电阻。不但金属导体有电阻，其他物体也有电阻。

导体的电阻是由它本身的物理条件决定的。金属导体的电阻是由它的长短、粗细、材料的性质和温度决定的。

在保持温度（如 20℃）不变的条件下，实验结果表明，用同种材料制成的横截面积相等而长度不相等的导线，其电阻与它的长度 L 成正比；长度相等而横截面积不相等的导线，其电阻与它的横截面积 S 成反比，即

$$R = \rho \frac{L}{S}$$

上式称为电阻定律。式中，比例系数 ρ 叫做导体的电阻率，单位是 $\Omega \cdot m$（欧·米）。ρ 的值与导体的几何形状无关，而与导体材料的性质和导体所处的条件（如温度等）有关。R、L、S 的单位分别是 Ω（欧）、m（米）、m^2（平方米）。在一定温度下，对同一种材料，ρ 是常数。

不同的物质有不同的电阻率，电阻率的大小反映了各种材料导电性能的好坏，电阻率越大，表示导电性能越差。通常将电阻率小于 $10^{-6}\Omega \cdot m$ 的材料称为导体，如金属；电阻率大于 $10^{7}\Omega \cdot m$ 的材料称为绝缘体，如石英、塑料等。而电阻率的大小介于导体和绝缘体之间的材料，称为半导体，如锗、硅等。导线的电阻要尽可能地小，各种导线都用铜、铝等电阻率小的纯金属制成。而为了安全，电工用具上都安装有用橡胶、木头等电阻率很大的绝缘体制作的把、套。在国家标准电路图中，电阻的图形符号如图 1.5.1 所示。

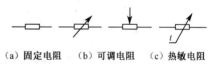

(a) 固定电阻　(b) 可调电阻　(c) 热敏电阻

图 1.5.1　电阻的图形符号

1. 电阻器的主要参数

电阻器的参数很多，通常考虑的参数有标称阻值、允许偏差和额定功率等。

1）标称阻值和允许偏差

标称阻值是指电阻体表面所标注的数值，如 100Ω、5.1Ω、$1.5k\Omega$ 等，其数值范围应符合 GB2471《电阻器标称阻值系列》的规定。目前电阻器标称阻值有三大系列：E6 系列、E12 系列和 E24 系列，E24 系列已被广泛采用。电阻器的标称阻值应为表 1.5.1 中所列数值的 10^n 倍，其中 n 为正整数、负整数或零。以 E24 系列中的 2.7 为例，电阻器的标称阻值可以是 0.27Ω、2.7Ω、27Ω、270Ω、$2.7k\Omega$、$27k\Omega$、$270k\Omega$、$2.7M\Omega$ 等。

表 1.5.1　电阻器标称阻值系列

系　列	允许偏差	电阻器标称阻值
E24	Ⅰ级，±5%	1.0、1.1、1.2、1.3、1.5、1.6、1.8、2.0、2.2、2.4、2.7、3.0、3.3、3.6、3.9、4.3、4.7、5.1、5.6、6.2、6.8、7.5、8.2、9.1
E12	Ⅱ级，±10%	1.0、1.2、1.5、1.8、2.2、2.7、3.3、3.9、4.7、5.6、6.8、8.2
E6	Ⅲ级，±20%	1.0、1.5、2.2、3.3、4.7、6.8

允许偏差是指标称阻值和实际阻值的差值与标称阻值之比的百分数形式。通常用±5%（Ⅰ级或J）、±10%（Ⅱ级或K）、±20%（Ⅲ级或M）表示。此外，不同类型的电阻器，其阻值偏差及标志符号的规定不同，如有些电阻器用颜色来表示允许偏差。

2）额定功率

电阻器的额定功率是指电阻器在环境温度为-55～70℃，大气压强为 101 kPa 的条件下，连续承受直流或交流负荷时所允许的最大消耗功率。每个电阻器都有其额定功率值，超过这个值，电阻器将会因过热而烧毁。常见电阻器的额定功率一般为 1/16 W、1/8 W、1/4 W、1/2 W、1 W、2 W、3 W、4 W、5 W、10 W 等。其中，1/8 W 和 1/4 W 的电阻器较为常用。在代换电阻器时，若条件允许，可以用功率较大的电阻器代换功率较小的电阻器。注意，此时的标称阻值、允许偏差的要求仍是相同的，仅是额定功率大小不同。

2. 电阻器的分类

1）按阻值可否调节分类

按阻值是否可调节来分类，电阻器有固定电阻器和可变电阻器两大类。固定电阻器是指阻值固定而不能调节的电阻器，可变电阻器是指阻值在一定范围内可以任意调节的电阻器。初中物理实验中遇到过很多固定电阻器，而电阻箱、滑动变阻器则属于可变电阻器。图 1.5.2 所示为部分固定电阻器和可变电阻器实物图。

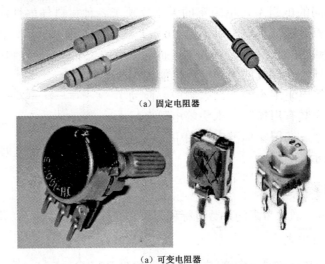

(a) 固定电阻器

(a) 可变电阻器

图 1.5.2　部分固定电阻器与可变电阻器实物图

2）按制造材料分类

电阻器一般用电阻率较大的材料（碳或镍铬合金等）制成。根据制造电阻器材料的不同可分为碳膜电阻器、金属膜电阻器和线绕电阻器等。

碳膜电阻器制造工艺比较复杂，首先在高温真空炉中分离出有机化合物中的碳，然后使碳沉积在陶瓷基体的表面而形成具有一定阻值（阻值大小可通过改变碳膜的厚度或长度调节）的碳膜，最后加上适当的接头后切薄，并在其表面涂上环氧树脂进行密封保护。碳膜电阻器表面颜色一般为米色、绿色等。

金属膜电阻器是在真空条件下，在瓷质基体上沉积一层合金粉而制成的。通过改变金属膜的厚度或长度可得到不同的阻值。金属膜电阻器主要有金属薄膜电阻器、金属氧化膜电阻器及金属釉膜电阻器等。金属膜电阻器表面颜色一般为红色、蓝色等。

线绕电阻器是将电阻线（康铜丝或锰铜丝）绕在耐热瓷体上，表面涂以耐热、耐湿、无腐蚀的不燃性保护涂料而制成的。例如，滑动变阻器就属于线绕电阻器，水泥电阻器也属于线绕电阻器。图 1.5.3 所示为水泥电阻器、滑动变阻器实物图。

　　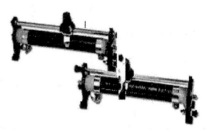

（a）水泥电阻器　　　　　　　　　　（b）滑动变阻器

图 1.5.3　线绕电阻器实物图

3）按用途分类

按用途不同，电阻器可分为精密电阻器、高频电阻器、大功率电阻器、热敏电阻器、光敏电阻器等。例如，光敏电阻器可用在要求电阻器的阻值随外界光的强度变化而变化的场合；功率在 1/8 W 以上的电阻器都称为大功率电阻器，一般同一制造技术下制作出来的标称阻值相同的电阻器，功率大的，体积也相对较大。图 1.5.4 所示为热敏电阻器、压敏电阻器实物图。

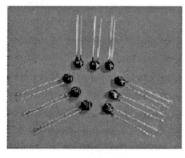　　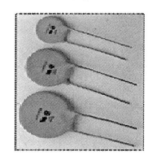

（a）热敏电阻器　　　　　　　　　　（b）压敏电阻器

图 1.5.4　部分特殊用途电阻器实物图

第 2 步　认识非线性电阻

学习目标

- 能区别线性电阻和非线性电阻，了解其典型应用
- 了解电阻与温度的关系在家电产品中的应用，了解超导现象

工作任务

◇ 线性电阻与非线性电阻的识读

手脑并用

1. 线性电阻的电压、电流关系

电路如图 1.5.5 所示。

调节滑动端到几个不同的位置,把电压表和电流表的数值记录于表 1.5.2 中。

表 1.5.2 线性电阻的电压、电流关系实验数据用表

项目		测量值				电压、电流关系
线性电阻	U					
	I					
非线性电阻	U					
	I					

2. 非线性电阻的电压、电流关系

电路如图 1.5.6 所示。

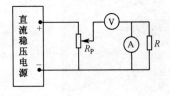

图 1.5.5 电路图

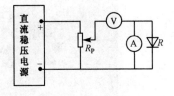

图 1.5.6 电路图

调节滑动端到几个不同的位置,把电压表和电流表的数值记录于表 1.5.3 中。

表 1.5.3 非线性电阻的电压、电流关系实验数据用表

项目		测量值				电压、电流关系
线性电阻	U					
	I					
非线性电阻	U					
	I					

1. 线性电阻与非线性电阻

电阻有线性电阻与非线性电阻之分，通常我们所接触的电阻都默认是线性电阻。所谓线性电阻是指加在电阻两端的电压与电流的比值是一个不变的恒量，在电阻的伏安特性曲线上表现出来的就是一条直线，如图1.5.7（a）所示。

加在电阻两端的电压与电流的比值若是一个变化的值，则这种电阻称为非线性电阻。例如，一些晶体二极管的等效电阻就属于非线性电阻，伏安特性曲线如图1.5.7（b）所示。

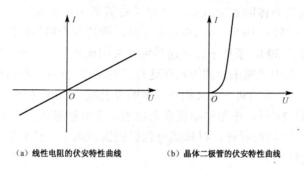

（a）线性电阻的伏安特性曲线　　（b）晶体二极管的伏安特性曲线

图1.5.7　伏安特性曲线

2. 电阻与温度的关系

实验表明，当温度改变时，各种材料的电阻都随之变化。纯金属电阻，随温度的升高而增大；而半导体的电阻，随温度升高而减小。少数合金的电阻，几乎不受温度的影响，常用来制造标准电阻器。

当温度的变化范围不大时，电阻和温度之间的关系可用下式表示。

$$R_2 = R_1\left[1+\alpha(t_2-t_1)\right]$$

式中，R_1、R_2 分别是温度为 t_1 和 t_2 时的电阻；α 是电阻的温度系数，它等于温度升高 1℃ 时，导体电阻的相对增加量，单位是 1/℃。

当 $\alpha>0$ 时，叫做正温度系数，表示该导体的电阻随温度的升高而增大，如一般金属导体；当 $\alpha<0$ 时，叫做负温度系数，表示该导体的电阻随温度的升高而减小，如一般半导体就具有这样的特性。部分材料的温度系数见表1.5.4。

表1.5.4　几种材料在20℃时的电阻率、温度系数

材 料 名 称	电阻温度系数α（1/℃）	材 料 名 称	电阻温度系数α（1/℃）
银	3.6×10^{-3}	锰铜	0.6×10^{-5}
铜	4.1×10^{-3}	康铜	0.5×10^{-5}
铝	4.2×10^{-3}	镍铬合金	15×10^{-5}
钨	4.4×10^{-3}	硅	−0.5×10^{-3}
铁	6.2×10^{-3}		

3. 超导现象及超导的应用

1）超导体

某些物质在低温条件下呈现电阻等于零和排斥磁体的性质，这种物质叫做超导体。电阻等于零时的温度叫做临界温度。

超导现象是 1911 年荷兰物理学家昂尼斯测量汞在低温下的导电情况时发现的。当温度处于 4.2 K 时，汞的电阻突然下降为零，这就是超导现象。从此揭开了人类认识超导性的第一页，昂尼斯因此获得了 1913 年诺贝尔物理学奖。

2）超导技术的发展

对超导体的研究，是当今科研项目中最热门的课题之一，其内容主要集中在寻找更高临界温度的超导材料和研究超导体的实际应用。从有关资料显示，寻找更高临界温度的超导材料进展缓慢，六十多年中只提高了 19 K。但 1986 年 4 月，两位瑞士科学家缪勒和柏诺兹取得了新突破，发现钡镧铜氧化物在 30 K 条件下存在超导性，并因此获得了 1987 年诺贝尔物理学奖。同年 12 月 5 日美国华裔物理学家朱经武等也在这种新的超导物质中观察到 40.2 K 的超导转变。1987 年 1～2 月，日本、美国的科学家又相继发现临界温度为 54 K 和 98 K 的超导体，但未公布材料成分。1987 年 2 月 24 日，中国科学院宣布物理研究所赵忠贤、陈立泉等 13 位科学家获得了临界温度达 100 K 以上的超导体，材料成分为钇钡铜氧陶瓷，世界为之震动，标志着我国超导研究已跃居世界先进行列。

3）超导技术的应用

超导技术的应用大致可分为超导输电、强磁应用和弱磁应用三个方面。

（1）超导输电。

用常规导线传输电流时，电能损耗是较为严重的。为了提高输电容量，通常采用的方法是向超高压输电方向发展，但超高压输电时介质损耗增大，效率也较低。由于超导体可以无损耗地传输直流电，而且目前对超导材料的研究已能使交流损耗降到很低的水平，所以，利用超导体制成的电缆，将会节省大量能源，提高输电容量，将为电力工业带来一场根本性的革命。

（2）强磁应用。

生产与科研中常常需要很强的磁场，常规线圈由于导线有电阻，损耗很大。为了获得强磁场，就需要提供很大的能源来补偿这一损耗；而当电流大到一定程度，就会烧毁线圈。利用超导体制成的线圈就能克服这种问题而获得强大的磁场。

1987 年美国制造出超导电动机。之后，前苏联制造出了功率为 30 万千瓦的超导发电机，日本制造出超导电磁推动船，我国上海建成的世界上第一条磁悬浮列车商业运营线，这些都是超导强磁应用的实例。

（3）弱磁应用。

超导弱磁应用的基础是约瑟夫森效应。1962 年，英国物理学家约瑟夫森指出"超导结"（两片超导薄膜间夹一层很薄的绝缘层）具有一系列奇特的性质。例如，超导体的电子对能穿过绝缘层，叫做隧道效应；在绝缘层两边电压为零的情况下，产生直流超导电流；而在绝缘层两边加一定直流电压时，竟会产生特定频率的交流超导电流。从此，一门新的学科——超导电子学诞生了。

电子计算机的发展经历了电子管、晶体管、集成电路和大规模集成电路阶段，运算速度和可靠性不断提高。应用约瑟夫森效应制成的开关元器件,其开关速度比半导体集成电路快 10~20 倍,而功耗仅为半导体集成电路的千分之一左右,利用它将能制成运算快、容量大、体积小、功耗低的新一代计算机。

此外,约瑟夫森效应在超导通信、传感器、磁力共振诊断装置等方面也将得到广泛应用,必将引起电子工业的革命。

第3步 电阻的测量

学习目标

- ◇ 电阻测量实验:根据被测电阻的数值和精度要求选择测量方法和手段,使用万用表测量电阻
- ◇ 了解使用兆欧表测量绝缘电阻及用电桥对电阻进行精密测量的方法

工作任务

- ◇ 伏安法测量电阻原理
- ◇ 电阻的测量

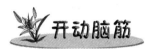

欧姆定律

(1)在初中物理中就介绍过欧姆定律,一段电阻电路中所通过的电流,与这段电路两端的电压成_____比,与其电阻成_____比,其数学表达式为_____。

(2)从欧姆定律的角度来分析,电阻的单位"欧姆"就是"伏特/安培",1 欧姆=1 伏特/安培,10 欧姆=10 伏特/安培,即 10 欧姆电阻的物理意义为产生 1 A 电流所需的电压为____V。

(3)前面对小灯泡电路的检测中,测得小灯泡两端的电压为_____,小灯泡中的电流为_____,则该小灯泡的电阻为_____。

(4)若将安培表和伏特表同时接入电路中测量小灯泡的电流和电压,以确定小灯泡的电阻大小,这种测量电阻的方法就是初中物理介绍过的_____法,它有两种测量电路,即_____法和_____法。请在下面的虚线框中画出测量小灯泡额定工作状态下电阻的两种测量电路图。

伏安法测量小灯泡电阻

（1）根据上面所设计的第一种电路连接各元器件。注意：连接电路时开关应断开，各电表的量限应先置最大。

（2）闭合开关，观察各电表的偏转情况，确定量限是否合适。

（3）若不合适，则断开开关，更换至最合适量限，最后读出电流表和电压表的读数，填入表 1.5.5 中。

表 1.5.5　记录表

接　　法	安培表读数（A）	伏特表读数（V）	灯泡电阻（Ω）

（4）根据上面所设计的第二种电路连接各元器件。注意：连接电路时开关应断开，各电表的量限应先置最大。

（5）闭合开关，观察各电表的偏转情况，确定量限是否合适。

（6）若不合适，则断开开关，更换至最合适量限，最后读出电流表和电压表的读数，填入表 1.5.5 中。

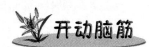

测量结果分析

（1）处理上面两组测量数据，得出两组数据中对应的小灯泡电阻，并填入表 1.5.5 中。

（2）比较两组数据的测量结果，可信度更高一点的结果是_____，因为两种接法的测量电路中，_____（前者/后者）适宜于测量阻值大的电阻而_____（前者/后者）适宜于测量阻值小的电阻。

（3）小电阻测量的电路中，电阻两端的电压_____（完全等于/不完全等于）伏特表的读数，电阻中所通过的电流_____（完全等于/不完全等于）安培表的读数，由于_____（安培表/伏特表）的内阻一般都很_____（大/小），所以所测电阻越小，则_____（安培表/伏特表）所分得的_____（电流/电压）就越小，其影响就越可以忽略不计。

（4）大电阻测量的电路中，电阻两端的电压_____（完全等于/不完全等于）伏特表的读数，电阻中所通过的电流_____（完全等于/不完全等于）安培表的读数，由于_____（安培表/伏特表）的内阻一般都很_____（大/小），所以所测电阻越大，则_____（安培表/伏特表）所分得的_____（电流/电压）就越小，其影响就越可以忽略不计。

（5）对安培表来说，一般量限越大，其内阻越小，而对伏特表来说，其量限越大，内阻越大，这就要求在测量中，电表的量限要尽可能_____（大/小）一点，待测电阻中所通过的电流和所加的电压要尽可能_____（大/小）一点，而待测电阻的电压和电流受待测电阻的额定功率制约。电子设备中所用电阻器的额定功率一般都很_____（大/小），所以一般_____（适宜/不适宜）用伏安法来测量。

（6）为了减小测量的随机误差，应在电路中加电压调节装置来改变_____，以达到测量多组数据取平均值而减小误差的目的。

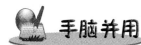

改变电压再测小灯泡电阻

（1）取前面所设计的两种测量电路中你认为效果最好的一个连接电路，不过现在只用一只电池。

（2）闭合开关，读出伏特表和安培表的读数，并填入表 1.5.6 中。

表 1.5.6　记录表

接　　法	安培表读数（A）	伏特表读数（V）	灯泡电阻（Ω）

（3）处理测量结果，得出此时灯泡电阻。

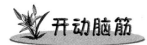

测量结果再分析

（1）两次测量的结果相差 _____（不大/很大），且低压时的 _____（大/小）。

（2）小灯泡的电阻就是小灯泡金属丝的电阻，电压越高，灯泡功率越大，灯丝越_____（亮/暗），其温度越_____（高/低），所以其电阻就越_____（大/小）。

（3）以上分析说明，灯丝电阻是随温度变化而变化的，在不明确状态的前提下讨论灯丝电阻的大小是 _____（有/无）意义的。

* 知识拓展　认识戴维宁定理和叠加定理

学习目标

- ◆ 了解戴维宁定理及其在电气工程技术中进行外部端口等效与替换手段的方法，如对电子技术中输入电阻、输出电阻概念的解释
- ◆ 了解叠加定理，了解在分析电路时复杂信号可由简单信号叠加的方法

工作任务

- ◇ 戴维宁定理的识读
- ◇ 叠加定理的识读

戴维宁定理

在实际问题中,往往有这样的情况:一个复杂电路,并不需要把所有支路电流都求出来,而只要求出某一支路的电流,在这种情况下,用前面的方法来计算就很复杂,而应用戴维宁定理就比较方便。

1. 二端网络

电路也称为电网络或网络。如果网络具有两个引出端与外电路相连,不管其内部结构如何,这样的网络就叫做二端网络。二端网络按其内部是否含有电源,可分为无源和有源两种。一个由若干个电阻组成的无源二端网络,可以等效成一个电阻,这个电阻称为该二端网络的输入电阻,即从两个端点看进去的总电阻,如图1.5.8所示。

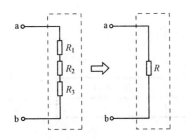

图1.5.8 二端网络等效电阻

一个有源二端网络两端点之间的电压称为该二端网络的开路电压。

2. 戴维宁定理

对外电路来说,一个有源二端网络可以用一个电源来代替,该电源的电动势为 E 等于二端网络的开路电压,其内阻等于有源二端网络内所有电源不作用,仅保留其内阻时,网络两端的等效电阻(输入电阻),这就是戴维宁定理。

根据戴维宁定理可对一个有源二端网络进行简化,简化的关键在于正确理解和求出有源二端网络的开路电压和等效电阻。

其步骤如下:

(1)把电路分为待求支路和有源二端网络两部分,如图1.5.9(a)所示。

(2)把待求支路移开,求出有源二端网络的开路电压 U_{ab},如图1.5.9(b)所示。

(3)将网络内各电源除去,仅保留电源内阻,求出网络两端的等效电阻 R_{ab},如图1.5.9(c)所示。

(4)画出有源二端网络的等效电路,等效电路中电源的电动势 $E = U_{ab}$,电源的内阻 $r_0 = R_{ab}$;然后在等效电路两端接入待求支路,如图1.5.9(d)所示。这时待求支路的电流为

$$I = \frac{E_0}{r_0 + R}$$

必须注意,代替有源二端网络的电源的极性应与开路电压 U_{ab} 一致,如果求得的 U_{ab} 是负值,则电动势方向与图1.5.9(d)所示方向相反。

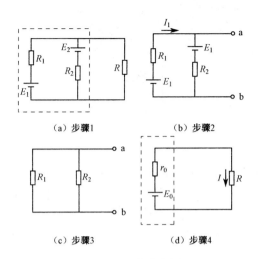

(a) 步骤1　　　　(b) 步骤2

(c) 步骤3　　　　(d) 步骤4

图 1.5.9　电路分析

【例题 1】　如图 1.5.10 所示电路，已知 $E_1 = 7$ V，$E_2 = 6.2$ V，$R_1 = R_2 = 0.2$ Ω，$R = 3.2$ Ω，试应用戴维宁定理求电阻 R 中的电流 I。

解：（1）将 R 所在支路开路去掉，如图 1.5.11 所示，求开路电压 U_{ab}：

$$I_1 = \frac{E_1 - E_2}{R_1 + R_2} = \frac{0.8}{0.4} = 2 \text{ A} , \quad U_{ab} = E_2 + R_2 I_1 = 6.2 + 0.4 = 6.6 \text{ V} = E_0$$

（2）将电压源短路去掉，如图 1.5.12 所示，求等效电阻 R_{ab}：

$$R_{ab} = R_1 // R_2 = 0.1 \text{ Ω} = r_0$$

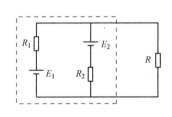
图 1.5.10　例题 1 图

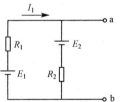
图 1.5.11　求开路电压

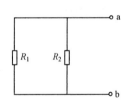
图 1.5.12　求等效电阻 R_{ab}

（3）画出戴维宁等效电路，如图 1.5.13 所示，求电阻 R 中的电流 I：

$$I = \frac{E_0}{r_0 + R} = \frac{6.6}{3.3} = 2 \text{ A}$$

【例题 2】　如图 1.5.14 所示电路，已知 $E = 8$ V，$R_1 = 3$ Ω，$R_2 = 5$ Ω，$R_3 = R_4 = 4$ Ω，$R_5 = 0.125$ Ω，试应用戴维宁定理求电阻 R_5 中的电流 I_5。

解：（1）将 R_5 所在支路开路去掉，如图 1.5.15 所示，求开路电压 U_{ab}：

$$I_1 = I_2 = \frac{E}{R_1 + R_2} = 1 \text{ A} , \quad I_3 = I_4 = \frac{E}{R_3 + R_4} = 1 \text{ A}$$

$$U_{ab} = R_2 I_2 - R_4 I_4 = 5 - 4 = 1 \text{ V} = E_0$$

（2）将电压源短路去掉，如图 1.5.16 所示，求等效电阻 R_{ab}。

$$R_{ab} = (R_1 // R_2) + (R_3 // R_4) = 1.875 + 2 = 3.875 \text{ Ω} = r_0$$

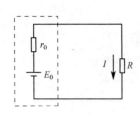
图 1.5.13　求电阻 R 中的电流

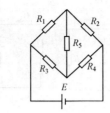
图 1.5.14　例题 2 图

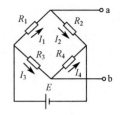
图 1.5.15　求开路电压

（3）根据戴维宁定理画出等效电路，如图 1.5.17 所示，求电阻 R_5 中的电流。

$$I_5 = \frac{E_0}{r_0 + R_5} = \frac{1}{4} = 0.25 \text{ A}$$

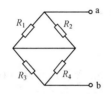
图 1.5.16　求等效电阻 R_{ab}

图 1.5.17　求电阻 R_5 中的电流

戴维宁定理

（1）按图 1.5.18 在实验板上将电源 E_1、E_2 接入电路，调节使 E_1=16 V、E_2=6 V。

（2）用万用表直流电压挡测量 A、B 两端的开路电压 U_{AB}，并将数据填入表 1.5.7 中。

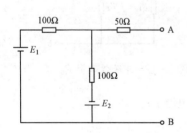

图 1.5.18　实验电路

表 1.5.7　记录表

U_{AB}/V	I_L/mA	计算内阻 R_0/Ω	测量内阻 R_0/Ω

（3）把万用表转换开关放在直流挡上，并选择适当量程，将它连在 A、B 两点间，测量电流 I_L，并将数据填入表 1.5.7 中。

（4）计算 $R_0 = U_{AB}/I_L$，并将计算值填入表 1.5.7 中。

（5）用导线代替电源，用万用表电阻挡测量 A、B 两端的等效电阻，并将测量值与步骤 4 的计算值进行比较。

（6）验证含源二端网络输出最大功率的条件。

将电阻箱作为负载 R_L 接在 A、B 两点间。改变负载电阻 R_L 的大小，当 R_L=0.1R_0（R_0 为步骤 4 的计算值），R_L=0.5R_0，R_L=R_0，R_L=1.5R_0 和 R_L=2R_0 时，测量 R_L 中的电流 I_L 和 R_L 两端电压 U_L，并将计算功率 P_L，将数据填入表 1.5.8 中。

表 1.5.8　记录表

R_L	$0.1R_0$	$0.5R_0$	R_0	$1.5R_0$	$2R_0$
I_L/mA					
U_L/V					
P_L/W					

知识拓展

1. 叠加定理

叠加定理是线性电路的一种重要的分析方法，它的内容是：在由线性电阻和多个电源组成的线性电路中，任何一个支路中的电流（或电压）等于各个电源单独作用时，在此支路中所产生的电流（或电压）的代数和。首先假定在电路内只有某一个电动势起作用，而且电路中所有的电阻都保持不变（包括电源的内阻和电动势等于零后的电源的内阻），对于这个电路求出它的电流分布。然后，再假定只有第二个电动势起作用，而所有其余的电动势都不起作用，再进行计算。依次对所有电动势进行类似的计算，最后再把所得的结果合并起来。

叠加定理的内容如图 1.5.19 所示。

$$I = I' + I'' = k_1 U_S + k_2 I_S$$
$$I_k = a_{1k} U_{s1} + a_{2k} U_{s2} + \cdots + a_{nk} U_{sn}$$

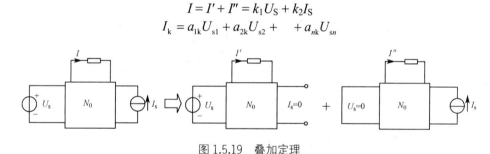

图 1.5.19　叠加定理

2. 结论

（1）网孔电流可看作各个独立源单独作用时在该孔产生的电流的线性叠加。

（2）因为任意支路的电压（或电流）都是网孔电流的线性叠加，所以对任意支路的电压（或电流）也可看作各个独立源单独作用时在该孔产生的电流的线性叠加。

【例题】　如图 1.5.20 所示电路，已知 $E_1 = 17$ V，$E_2 = 17$ V，$R_1 = 2$ Ω，$R_2 = 1$ Ω，$R_3 = 5$ Ω，试应用叠加定理求各支路电流 I_1、I_2、I_3。

解：（1）当电源 E_1 单独作用时，将 E_2 视为短路，设

$$R_{23} = R_2 // R_3 = 0.83 \text{ Ω}$$

$$I_1' = \frac{E_1}{R_1 + R_{23}} = \frac{17}{2.83} = 6 \text{ A}$$

则

$$I_2' = \frac{R_3}{R_2 + R_3} I_1' = 5 \text{ A}$$

$$I_3' = \frac{R_2}{R_2 + R_3} I_1' = 1 \text{ A}$$

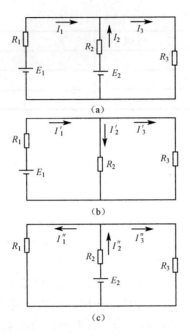

图 1.5.20 例题图

(2) 当电源 E_2 单独作用时，将 E_1 视为短路，设

$$R_{13} = R_1 \mathbin{/\mkern-6mu/} R_3 = 1.43 \ \Omega$$

$$I_2'' = \frac{E_2}{R_2 + R_{13}} = \frac{17}{2.43} = 7 \ \text{A}$$

则

$$I_1'' = \frac{R_3}{R_1 + R_3} I_2'' = 5 \ \text{A}$$

$$I_3'' = \frac{R_1}{R_1 + R_3} I_2'' = 2 \ \text{A}$$

(3) 当电源 E_1、E_2 共同作用时（叠加），若各电流分量与原电路电流参考方向相同时，在电流分量前面选取"+"号，反之，则选取"-"号：

$$I_1 = I_1' - I_1'' = 1 \ \text{A}, \quad I_2 = -I_2' + I_2'' = 1 \ \text{A}, \quad I_3 = I_3' + I_3'' = 3 \ \text{A}$$

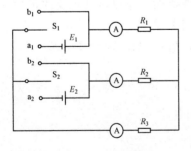

图 1.5.21 实验电路

叠加定理

(1) 按图 1.5.21 所示，在实验台上将电源 E_1、E_2 和电流接入电路，并调节 E_1=16 V、E_2=6 V。

(2) E_1 单独作用。将 S_1 投向 a_1，将 S_2 投向 b_2，分别测出电流 I_1'、I_2' 和 I_3'，并将数据填入表 1.5.9 中。

表 1.5.9 记录表

	E_1/V	E_2/V	I'_1	I'_2	I'_3	I''_1	I''_2	I''_3	I_1	I_2	I_3
测量结果											
将所得电流相加	×	×	×	×	×	×	×	×			
计算结果											

（3）E_2 单独作用。将 S_1 投向 b_1，将 S_2 投向 a_2，分别测出电流 I''_1、I''_2 和 I''_3，并将数据填入表 1.5.9 中。

（4）E_1、E_2 共同作用。将 S_1 投向 a_1，将 S_2 投向 a_2，分别测出电流 I_1、I_2 和 I_3，并将数据填入表 1.5.9 中。

（5）用叠加定理从已测得的电流 I'_1、I'_2、I'_3 和 I''_1、I''_2 和 I''_3，求出 I_1、I_2 和 I_3，并与步骤 4 测得的结果进行比较。

（6）已知 E_1、E_2、R_1、R_2 和 R_3 的数值，用计算法求出 I'_1、I'_2、I'_3、I''_1、I''_2、I''_3、I_1、I_2 和 I_3，并与测量结果进行比较。

巩固提高

1. 填空题

（1）导体电阻的大小与导体的_____、_____、_____三个因素有关，可用表达式_____来表示。

（2）根据电阻率的不同，可将材料分为_____体、_____体和_____体三种，电阻率越大的材料其导电性能越_____（好/差）。

（3）电阻随温度升高而增大的电阻器属于_____（负/正）温度系数电阻。普通电阻在温度升高时阻值将增大，为了保证电路电阻的不变，可在电路中串联一只____（正/负）温度系数的热敏电阻以抵消普通电阻阻值的增加。

2. 简答题

（1）电阻的基本参数有哪些？
（2）热敏电阻器具有什么特点？
（3）光敏电阻器具有什么特点？

3. 计算题

（1）如图 1.5.22 所示，已知 $E_1=8$ V，$E_2=12$ V，内阻不计，$R_1=4\ \Omega$，$R_2=1\ \Omega$，$R_3=3\ \Omega$，试用叠加原理求 R_1、R_2 和 R_3 中的电流。

（2）电路中某两端开路时，测得的电压为 10 V，此两端短接时，通过短路线上的电流为 2 A，求此两端接上 5 Ω 的电阻时，通过电阻的电流应多大？

（3）如图 1.5.23 所示电路，已知电源电动势 $E_1=10$ V，$E_2=4$V，电源内电阻不计，电阻 $R_1=R_2=R_6=2\ \Omega$，$R_3=1\ \Omega$，$R_4=10\ \Omega$，$R_5=8\ \Omega$。试用戴维宁定理求通过电阻 R_3 的电流。

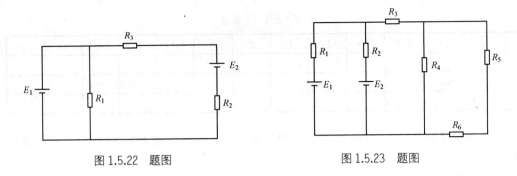

图 1.5.22 题图　　　　　　　图 1.5.23 题图

（4）如图 1.5.24 所示电路，已知 $E_1 = E_2 = 17\text{ V}$，$R_1 = 1\ \Omega$，$R_2 = 5\ \Omega$，$R_3 = 2\ \Omega$，试用戴维宁定理求流过 R_3 的电流。

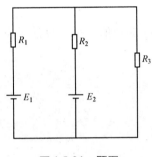

图 1.5.24 题图

学习领域二 基本直流电表

学习目标

- ✧ 理解电压表、电流表的结构和工作原理
- ✧ 会制作电压表、电流表
- ✧ 理解电阻的串、并联规律，了解基尔霍夫定律和戴维宁定理，以及二极管的单向导电性
- ✧ 理解万用表的一般工作原理
- ✧ 能识读万用表装配图，并按装配图要求制作万用表
- ✧ 能用所制作的万用表进行一般电压、电流和电阻的测量并校验

工作任务

- ✧ 制作电压表、电流表
- ✧ 万用表原理图、装配图的识读
- ✧ 组装万用表并进行调试
- ✧ 用组装好的万用表进行电压、电流和电阻的测量

项目1 电压表和电流表的制作

第1步 电压表的制作

学习目标

- ✧ 理解串联电路及其相关规律，能测定表头的内阻和满偏电压
- ✧ 了解电压表的结构，理解电压表的工作原理
- ✧ 会扩大电压表的量限，并进行试测量

工作任务

- ✧ 测量表头的满偏电压和内阻
- ✧ 扩大电压表的量限
- ✧ 用改装表进行试测

测量表头满偏电压和内阻

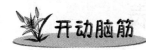

串联电路规律回顾：
（1）电阻的_____联就是把电阻一个接一个地连接起来。
（2）电阻串联电路的基本特点如下。
① 电路中各处的电流_____。
② 电路两端的总电压_____于各段电路两端的电压之_____，其数学表达式为_____。
（3）串联电路的两个重要性质如下。
① 串联电路总电阻_____各个电阻之和，其数学表达式为_____。
② 串联电路中各个电阻两端的电压与它的阻值成____比，其数学表达式为_____。

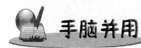

测定表头的满偏电压和内阻

（1）按图 2.1.1 所示连接电路（将电位器调至输出电压最低状态，电阻箱的值置最大，开关断开）。

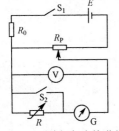

图2.1.1 测定表头的满偏电压和内阻

（2）闭合开关 S_1、S_2，调节电位器使⑥满偏，此时伏特表中所读出的电压为待测表头⑥的满偏电压，用 U_g 表示，则 $U_g=$_____；

（3）再断开开关 S_2，此时⑥的读数将变_____，⑦读数将变_____。同时调节电位器和电阻箱，在保证伏特表读数不变（仍然为 U_g）的前提下，使⑥半偏，则电阻箱的电阻与表头内电阻相等，读出电阻箱的电阻即为表头内电阻 $R_g=$_____。这种测量方法称为电压半偏法。

测量原理分析

在图 2.1.1 所示的电路中：
① 将开关 S_2 闭合时，伏特表和表头相_____联，伏特表两端的电压 U_1 与表头两端的电压 U_2_____（相等/不相等），所以当表头指针满偏时，伏特表的读数即____于表头满偏电压 U_g。
② 将开关 S_2 断开时，电阻箱与表头相_____联，伏特表两端的电压 U_1 为表头两端的电压 U_2 与电阻箱两端的电压 U_3 之____。所以，当表头指针半偏而伏特表的读数仍为表头满偏电压 U_g 时，电阻箱与⑥构成的串联电路的总电压为____倍的 U_g，表头两端的电压为____倍的 U_g，电

阻箱两端的电压为_____倍的 U_g，电阻箱两端的电压与表头两端的电压_____（相等/不相等）。又因为流过表头的电流与电阻箱的电流_____，根据部分电路欧姆定律，此时电阻箱的电阻就_____于表头的内电阻。

制作电压表

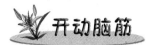

原理分析

（1）由上面实验可知，开关 S_2 断开且电阻箱的电阻等于表头的内电阻时，如果调节滑动触点使表头指针满偏，根据串联电路的特点，此时电阻箱两端的电压为_____U_g，而伏特表两端的电压为_____U_g。若将表头和电阻箱看成一个整体（即电阻箱当做电表的一部分，电阻箱和表头等效成一只电压表），则该电压表的量限为_____U_g，即为原来表头量限的_____倍，也就是电表的量限扩大为原来的_____倍。

（2）现有一只磁电式表头，满偏电压为 U_g，内阻为 R_g。要把它制成量限为 $10U_g$ 的电压表，则应采取什么措施？

如图 2.1.2 所示，R 为待测电阻，图中虚线框中的电路就是改装得到的量限为 $10U_g$ 的电压表。当电表满偏时，表头两端的最大电压为_____，分压电阻（附加电阻）R_{fj} 两端的电压应该是_____，由于串联电路中电压跟电阻成_____比，即 $U_g/R_g=U_{fj}/R_{fj}$，所以分压电阻（附加电阻）R_{fj}=____R_g。

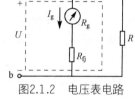

图 2.1.2　电压表电路

试制作电压表

（1）将图 2.1.1 中的电阻箱调至上面分析得到的 R_{fj} 值。
（2）断开 S_2，读出量限为 $10U_g$ 的改装表读数 U=_____。
（3）读出 Ⓥ 表的读数 U_o=_____。
（4）比较两表读数，则改装表读数偏_____（大/小）。

电压表的基本结构和工作原理

1）电压表的基本结构

磁电式电压表由磁电式测量机构（也称表头）和测量线路——附加电阻构成。图 2.1.2 的虚线框中所示的是最基本的磁电式电压表电路。其中 R_{fj} 是附加电阻，它与测量机构串联。

2）电压表的实质

通过分压电阻对被测电压 U 分压，使得表头两端的电压 U_c 在表头能够承受的范围内（即 $U_c<U_g$），并使电压 U_c 与被测电压 U 之间保持严格的比例关系。

3）电压表的工作原理

当电表满偏时，根据欧姆定律和串联电路的特点，可以得到

$$I_g = U / (R_{fj} + R_g) \tag{2.1.1}$$

即

$$U_g = I_g R_g = U - I_g R_{fj} \tag{2.1.2}$$

由式（2.1.1）可知，对某一量限的电压表而言，R_g 和 R_{fj} 是固定不变的，所以流过表头的电流 I_c 与被测电压 U 成正比。根据这一正比关系对电压表标度尺进行刻度，就可以指示出被测电压的大小。

由式（2.1.2）可知，附加电阻与测量机构串联后，测量机构两端的电压 U_c 只是被测电路 a、b 两点间电压 U 的一部分，而另一部分电压被附加电阻 R_{fj} 所分担。适当选择附加电阻 R_{fj} 的大小，即可将测量机构的电压量限扩大到所需要的范围。

如果用 m 表示量限扩大的倍数，即

$$mI_c R_c = U_c$$

则由式（2.1.2）可得

$$R_{fj} = (m-1) R_g \tag{2.1.3}$$

式（2.1.3）表明，将表头的电压量限扩大 m 倍，则串联的附加电阻 R_{fj} 的阻值应为表头内阻 R_g 的 $(m-1)$ 倍，即量限扩大的倍数越大，附加电阻的阻值就越大。当确定表头量限需要扩大的倍数以后，可以计算出所需串联的附加电阻的阻值。

4）电压表的读数

由表头指针所指的读数乘以量限扩大的倍数，即为被测量的实际测量值。

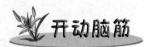

确定附加电阻的参数

现欲将刚才检测过的表头改装成量限为 U_g' 的电压表（U_g' 的具体数据由老师设定），则应串联多大的电阻 R_{fj}（完成下面的表2.1.1）？

表 2.1.1 记录表

U_g	R_g	U_g'	R_{fj}

制作电压表

（1）根据表 2.1.1 中 R_{fj} 的值，制作一个阻值与之相同的电阻（注意电阻的功率要求），请在

下面的虚线框中画出 R_{fj} 的构成图，并标明相关参数。

R_{fj} 的构成图

（2）将制作好的 R_{fj} 与表头串联，至此电压表的制作就完成了。

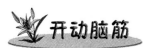

如何测试

对于改装好的电压表，在测量电压之前，必须对它的测量准确度进行评估，熟悉其读数方法。那么如何对改装好的电压表准确度进行测试呢？

（1）如果将一只标准电压表与改装后的电压表一起并联接入被测电路中，改装的电压表两端的电压应与标准电压表两端的电压_____，通过比较两表的读数，就可知道改装后电压表的误差。电路如图 2.1.3 所示，V_0 为标准表。

（2）用虚线在图 2.1.3 中框出改装电压表的组成部分。

（3）改装电压表的测量值应由表头_____和改装后的量限按比例折算，而不能直接以表头示数作为测量结果。

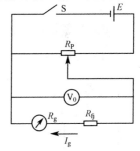

图2.1.3　测试电压表

测试改装电压表

（1）按图 2.1.3 连接电路（S 断开，电位器的滑片移至最左端，即输出电压为最低状态）。

（2）接通电源（S 闭合）。

（3）调节电位器 R_P 使改装的电压表 V 的读数 U 为 $0.2U_g'$，读出 V_0 的读数 U_O 并填入表 2.1.2 中。

（4）调节电位器 R_P 分别使 V 的读数 U 为 $0.4U_g'$、$0.6U_g'$、$0.7U_g'$、$0.8U_g'$、$0.9U_g'$，重复上述步骤，分别读出的 V_0 读数 U_O 填入表 2.1.2 中。

（5）分别求出表 2.1.2 中的误差。

表 2.1.2　记录表

U（V 的读数）	$0.2U_g'$	$0.4U_g'$	$0.6U_g'$	$0.7U_g'$	$0.8U_g'$	$0.9U_g'$
U_O（V_0 的读数）						
$U-U_O$（绝对误差）						
$(U-U_O)/U_O$（相对误差）						

开动脑筋

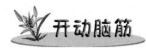

误差计算

（1）改装表的读数偏______（大/小）。

（2）相对误差平均值为________。

体验多量限电压表的结构和原理

开动脑筋

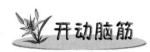

单用式多量限直流电压表的结构和原理

（1）电压表是由_________和_________电阻________（并/串）联而成的，该电阻又称为附加电阻。

图2.1.4　两量限的电压表

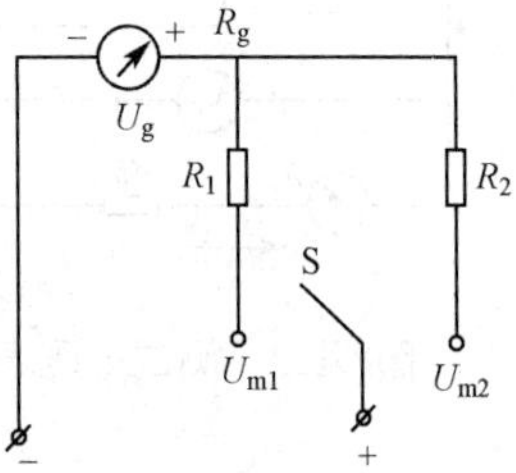

（2）多量限电压表中的表头是共用的，量限不同只是_________不同而已。电路如图 2.1.4 所示，两量限的电压表只要用一只______刀__________掷开关来切换附加电阻即可。

（3）本模块中仍用前面模块中所使用过的表头，其满偏电压 U_g=_________，内阻 R_g=_________。若与 R_1 对应的量限为 $5U_g$，则 R_1= _________；若与 R_2 对应的量限为 $25U_g$，则 R_2=_________。

手脑并用

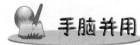

试制作单用式两量限直流电压表并试测

（1）利用老师提供的电阻器，分别配制上述两只附加电阻，使它们的等效阻值与 R_1、R_2 相等。在下面的虚线框中画出两电阻的组成，并标明相关参数。

R_1 的构成图　　　　R_2 的构成图

（2）分别将配制好的 R_1、R_2 和表头、开关按照图 2.1.4 接成两量限电压表。

（3）用刚改装的两量限电压表试测电压。

① 对照图 2.1.5 连接好电路。

② 将电表调至 $5U_g$ 量限，闭合 S 并适当调节滑动触点，使指针接近满刻度，读出此时所测电压大小为 _____。

③ 断开电源，将电压表切换至 $25U_g$ 量限。

④ 接通电源，读出此时电压表所测电压为 _____。

⑤ 在电源保持接通的情况下，将电表量限切换回 $5U_g$，观察电表在开关切换过程中的变化，其现象为：_____
_____。

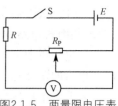

图2.1.5 两量限电压表

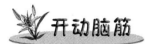

试测结果总结

（1）根据前面的试测，判断你制作的两量限的电压表是否准确可行？说说原因。
_____
_____

（2）对于多量限电压表，你是如何读数的？应注意什么问题？
_____
_____

（3）前面所制作的电压表有两个量限，一个量限有一个独立的附加电阻，这种电路形式就是所谓单用式电路形式。除了单用式，还有共用式电路形式，你能否将上面两量限电压表的测量线路改装成量限不变，但附加电阻为共用式的电路形式（小量限的附加电阻也是大量限附加电阻的一部分）？请在下面的虚线框中画出你设计的电路图。

（4）比较你设计的电路共用式测量线路与前面的单用式电路的异同，分析它们各自的优缺点。
_____
_____

（5）在没有断电的情况下切换开关，有没有异常情况出现？以后使用这类多量限电表时是否都可以这样操作？
_____
_____

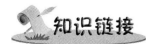

共用式多量限直流电压表的结构和原理

（1）根据附加电阻的接入方式不同，多量限电压表可分为单用式附加电阻电路和共用式附加电阻电路两种形式。

① 单用式电路中各量限的附加电阻是单独作用的,各挡之间互不影响,尤其是当某一附加电阻损坏时,只影响相应量限的工作,而其他各挡仍可正常测量。电路如图2.1.5所示。

② 共用式电路中低电压量限的附加电阻被其他高电压量限所利用,这种电路的优点是可以节省绕制电阻的材料,缺点是当低电压挡的附加电阻变质或损坏时,会影响到其他高量限挡的测量。电路如图2.1.6所示。

（2）多量限电压表测量线路一般采用共用式,其基本电路形式如图2.1.6所示。

当量限为 U_{m1} 时,接入电路的端钮是"−"和"U_{m1}",如图2.1.7所示,根据串联电路的相关规律可知:

$$R_1 = R_g\left(\frac{U_{m1}}{U_g} - 1\right)$$

当量限为 U_{m2} 时,接入电路的端钮是"−"和"U_{m2}",电路如图2.1.8所示,根据串联电路的相关规律可知:

$$R_1 + R_2 = R_g\left(\frac{U_{m2}}{U_g} - 1\right)$$

只要量限 U_{m1}、U_{m2} 已知,就可求出 R_1、R_2。

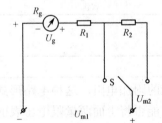
图2.1.6 共用式电路

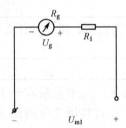
图2.1.7 量限为 U_{m1}

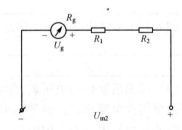
图2.1.8 量限为 U_{m2}

确定附加电阻

（1）为了节省材料,多量限电压表的附加电阻应采用_____连接方法。

（2）图2.1.6中,"−"为电压表的公共负极,U_{m1}、U_{m2} 分别为 $5U_g$ 和 $25U_g$ 两个量限的选择端。将 $5U_g$ 和 $25U_g$ 量限的等效电路画在下边的虚线框中。

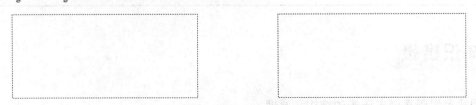

$5U_g$ 量限的等效电路　　　　　　　　　　$25U_g$ 量限的等效电路

（3）根据单量限电压表的工作原理、U_{m1} 与 U_g 的关系、U_{m2} 与 U_g 的关系,可得 R_1=_____, R_2=_____。

制作两量限共用式直流电压表

（1）选配电阻器（附加电阻）。

R_1 的构成图	R_2 的构成图

（2）按照图 2.1.6 所示的连接电路获得改装好的共用式两量限电压表。
（3）将改装好的电表连接到图 2.1.4 所示的电路中。
（4）将电表切换至 $5U_g$ 量限，接通电源，调节 R_p，使电表指针接近满偏，读出电表读数为_____。
（5）断开电源将电表切换至 $25U_g$ 量限，再接通电源，读出电表的读数为_____。
（6）在电源保持接通的情况下，将电表量限切换回 $5U_g$，观察电表在开关切换过程中的变化，其现象为：_____。

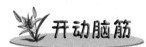

试测结果总结

（1）你制作的共用式两量限电压表是否准确可行？
_____
_____

（2）在没有断电的情况下切换开关，有没有异常情况出现？以后使用这类多量限电表时是否都可以这样操作？
_____
_____

制作多量限电压表

设计多量限电压表的测量线路

在前面的制作、测试和分析中，了解了多量限电压表的两种测量电路的组成、原理和优缺点。下面将利用前面所学的知识来制作一只完整的多量限直流电压表。

(1) 仍使用前面用过的表头,其 $R_g=$_____,$U_g=$_____。

(2) 欲使制作的多量限电压表的量限分别为 0.2 V、2 V、10 V、50 V 和 250 V,采用共用式测量线路,请在下面的虚线框中画出该电表的组成电路,并用 R_1、R_2、R_3、R_4、R_5 作为各附加电阻的文字标号,同时标明相应的参数。

多量限电压表的制作

(1) 配制分压电阻。

根据前面的分析,分别配制相应的电阻,并将它们的组成图画在下面相应的虚线框中,标明组成电阻的相关数值。

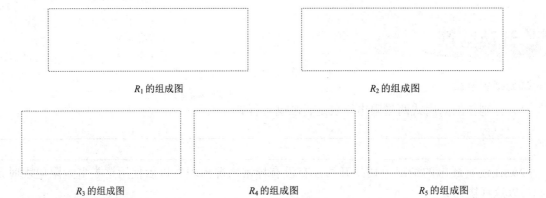

R_1 的组成图　　　　　　R_2 的组成图

R_3 的组成图　　R_4 的组成图　　R_5 的组成图

(2) 对照前面设计的连接电路、组装电路,用接插线来模拟转换开关,分别用红、黑色接插线来模拟红、黑表笔。

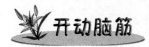

测试方案设计

对于制作好的多量限电压表,是否准确还无定论,下面就设法测试几组数据,并与标准电表的测量结果相比较。

(1) 要知道电表的测量值是否准确,就必须将一只标准电压表与改装后的电压表一起_____(串/并)联接入被测电路,这样改装电压表两端的电压应与标准电压表两端的电压_____,通过比较两表的读数，就可知道改装后电压表的误差。

（2）如图 2.1.9 所示，V_0 为标准电压表，V 为改装好的多量限电压表，由于电压表的量限范围很大，因而电源电压的调节范围也很大，所以 V_0 应是一只_____（单/多）量限的标准电压表。

（3）由于电压调节范围很大，单靠电源的调节，小量限的试测可能很难达到相应的测试点。例如，电源的最低电压只能达到 2 V，而要对 0.2 V 量限进行测试，电表两端的电压就必须低于 0.2 V，这一重任就是由图 2.1.9 中的_____来完成的，它在电路中起辅助调节的作用。

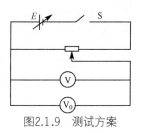

图2.1.9　测试方案

测试

（1）按图 2.1.9 连接好电路，连接电路时，S 保持_____，电源电压调至最_____，电位器置_____，两表的量限调至最_____。

（2）接通电源，将改装表的量限调至 0.2 V，调节电源电压和电位器，使该表的示数为接近满偏时的某一整数，读出该电压，并填入表 2.1.3 中。

（3）调节标准表至合适量限，测出此时的标准电压 U_0，并填入表 2.1.3 中。

（4）将改装表的量限分别调至 2 V，10 V，50 V，250 V，重复上面的步骤，分别测出改装表读数和标准表读数，并填入表 2.1.3 中。

表 2.1.3　记录表

改装表量限	0.2 V	2 V	10 V	50 V	250 V
改装表测量值					
标准表量限					
标准表测量值					
$U-U_0$（绝对误差）					
$(U-U_0)/U_0$（相对误差）					

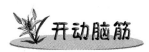

结果分析

（1）在上面的测试中，你注意到"什么样的量限为合适量限"了吗？合适量限就是_____。如果你没注意到这个问题，则请你回头重新测试、体会。

（2）你对你所制作的电表是否满意？如果不满意，其原因是什么？

电压表的内阻和电压表的功耗

在实际测量中,直接从与待测电路相并联的电压表刻度盘上读出待测电压的大小时,除了电压表是否准确外,很少考虑其他因素。其实,将电压表并联接入电路,也同时将电压表的内阻并联接入了电路,使电路电阻变小,分压减小。所以,严格地讲,电压表测电压时,会使被测电路的电压变小。

在实际应用中,一般电压表的内阻很大,对待测电路电压的影响也很小,故可以忽略不计,即认为电压表的内阻为无穷大,可看成理想的电压表。

电压表内阻对测量结果的影响就是电压表的功耗问题,对用同一表头改装的电压表而言,其量限越大,内阻越大,功耗越小,越接近理想电压表,但仪表对电压的灵敏度在下降。

在选择电压表时,电压表内阻的大小是要考虑的重要因素之一。由于电压表与负载是并联的,所以电压表接入电路后,将有部分电流流过电压表,即流过负载电阻的电流与电压表接入前不相同。为了减小电压表接入电路时对其工作状态的影响,要求电压表的内阻 R_V 远大于待测电路的电阻 R,若测量所要达到的相对误差大小为 γ,则

$$R/R_V \leq (1/5)\gamma$$

第2步 电流表的制作

学习目标

- ◇ 理解并联电路及其相关规律和基尔霍夫定律
- ◇ 会测定表头的满偏电流和内阻
- ◇ 理解电流表的结构和原理,能扩大电流表的量限
- ◇ 会测试改装电表

工作任务

- ◇ 测量表头内阻和满偏电流
- ◇ 扩大电流表的量限

测量表头满偏电流和内阻

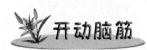

并联电路

在初中物理中介绍过电阻的并联电路,若将几个电阻并列地连接起来,就组成了并联电路。其规律如下所述。

(1) 电阻并联电路的基本特点：
① 各支路电压_____；
② 总电流____于各支路电流之___。
(2) 并联电路的两个重要性质：
① 并联电路总电阻的____，等于各个支路电阻的____之和；
② 并联电路中通过各个支路的电流与该支路的阻值成____比。

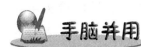

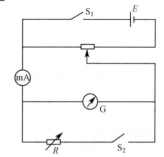

图2.1.10 测量表头的满偏电流和内阻

测量表头的满偏电流和内阻

（1）按图 2.1.10 连接电路（将电位器调至输出电压最低状态，电阻箱置最大，开关 S_1、S_2 断开）。

（2）闭合开关 S_1，S_2 保持断开，调节电位器使G满偏，此时毫安表中所读出的电流为待测表头G的满偏电流，用 I_g 表示，则 $I_g=$ _____。

（3）再闭合开关 S_2，此时G的读数将变_____，mA读数将变____。同时调节电位器和电阻箱，在保证毫安表读数不变（仍然为 I_g）的前提下，使G半偏，则电阻箱的电阻与表头内电阻相等，读出电阻箱的电阻即为表头内电阻，$R_g=$ _____。

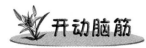

测量表头满偏电流和内电阻的原理

（1）将开关 S_2 断开时，毫安表和表头_____联，流过毫安表的电流 I_1 与流过表头的电流 I_2 _____（相等/不相等），所以当表头指针满偏时，毫安表的读数_____（大/等/小）于表头满偏电流 I_g。

（2）将开关 S_2 闭合时，电阻箱与表头_____联，流过毫安表的电流 I_1 为流过表头的电流 I_2 与流过电阻箱的电流 I_3 之_____。所以，当表头指针半偏而毫安表的读数仍为表头满偏电流 I_g 时，并联电路的总电流为_____，流过表头的电流为_____，流过电阻箱的电流为_____，流过电阻箱的电流与流过表头的电流_____（相等/不相等）。又因为表头与电阻箱两端电压____，根据部分电路欧姆定律，此时电阻箱的电阻就于表头的内电阻。

扩大电流表的量限

原理分析

（1）由上面的实验可以知道，开关 S_2 闭合且电阻箱的电阻等于表头的内电阻时，如果使表头指针满偏，根据并联电路的特点，此时流过电阻箱的电流为_____倍 I_g，流过毫安表中的电流为_____倍 I_g。若将表头和电阻箱看成一个整体（即电阻箱当做电表的一部分，电阻箱和表头等效成一只电表），则该电表的量限为_____倍 I_g，即为原来表头的_____倍，也就是电表的量限扩大为原来的_____倍。

（2）现有一只磁电式表头，满偏电流为 I_g，内电阻为 R_g。要把它制成量限为 $10I_g$ 的电流表，则应采取什么措施？

如图 2.1.11 所示，表头允许通过的最大电流是_____，测量 $10I_g$ 的电流时，分流电阻 R 上通过的电流应该是_____，由于并联电路中电流跟电阻成_____比，即 $I_gR_g=I_RR$，所以分流电阻 $R=$_____R_g。

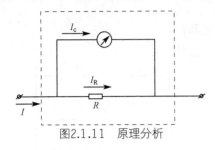

图2.1.11 原理分析

试制作并测试

（1）将图 2.1.11 中的电阻箱调至上面分析得到的 R 值。
（2）闭合 S_2，读出量限为 $10I_g$ 的改装表读数 $I=$_____。
（3）读出毫安表的读数 $I_0=$_____。
（4）比较两表读数，则改装表读数偏_____。

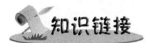

电流表的基本结构和工作原理

1. 电流表的基本结构

磁电式电流表由磁电式测量机构（也称表头）和测量线路——分流器构成。图 2.1.11 所示是最基本的磁电式电流表电路。图中 R 是分流电阻，它并接在测量机构的两端。

2. 电流表的实质

通过分流电阻对被测电流 I 分流，使得通过表头的电流 I_c 在表头能够承受的范围内，并使电流 I_c 与被测电流 I 之间保持严格的比例关系。

3. 工作原理

当电表满偏时，根据欧姆定律和并联电路的特点，可以得到

$$I_gR_g = R(I - I_g) \tag{2.1.4}$$

对某一电流表而言，R_g 和 R 是固定不变的，所以通过表头的电流 I_g 与被测电流 I 成正比。根据这一正比关系对电流表标度尺进行刻度，就可以指示出被测电流的大小。

如果用 n 表示量限扩大的倍数，即

$$n = \frac{I}{I_g}$$

则由式（2.1.4）可得

$$R = \frac{R_g}{n-1} \tag{2.1.5}$$

式（2.1.5）表明，将表头的电流量限扩大 n 倍，则分流电阻 R 的阻值应为表头内阻 R_g 的 $(n-1)$ 分之一，即量限扩大的倍数越大，分流电阻的阻值就越小。另外，当确定表头及需要扩大量限的倍数以后，即可计算出所需要的分流电阻的阻值。

4．电流表的读数

由表头指针所指的读数乘以量限扩大的倍数，即为被测量的实际测量值。

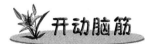

设计制作方案

现欲将刚才检测过的表头改装成量限为 I_g' 的电流表（I_g' 的具体数据由老师设定），则应并联多大的电阻 R（完成表 2.1.4）？

表 2.1.4　记录表

I_g	R_g	I_g'	R

扩大电流表的量限

（1）根据表 2.1.4 中的 R 值，制作一个阻值与之相同的电阻（注意电阻的功率要求）。在下面的虚线框中画出该电阻 R 的构成图，并标明相关参数。

R 的构成图

（2）将制作好的 R 与表头并联。

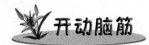

设计测试方案

对于改装好的电流表，在测量电流之前，必须对它的测量准确度进行评估。那么如何对改装好的电流表进行测试评估？如果将一只标准电流表与改装后的电流表一起串联接入被测电路中，那么根据串联电路中流过各段电路的电流_____的规律，流过改装后的电流表的电流应与标准电流表的电流_____，通过比较两表的读数，就可知道改装电流表的误差。电路如图 2.1.12 所示，A_0 为标准表。

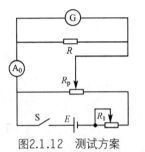

图2.1.12 测试方案

改装表测试

（1）按图 2.1.12 所示连接电路。
（2）接通电源。
（3）调节滑线变阻器使改装表的读数 I 为 $0.2I_g'$，读出标准表的读数 I_O 填入表 2.1.5 中。
（4）调节滑线变阻器分别使改装表的读数 I 为 $0.4I_g'$、$0.6I_g'$、$0.7I_g'$、$0.8I_g'$、$0.9I_g'$，重复上述步骤，分别读出标准表的读数 I_O 填入表 2.1.5 中。
（5）分别求出表中的误差。

表 2.1.5 记录表

I（改装表的读数）	$0.2I_g'$	$0.4I_g'$	$0.6I_g'$	$0.7I_g'$	$0.8I_g'$	$0.9I_g'$
I_O（标准表的读数）						
$I-I_O$（绝对误差）						
$\dfrac{I-I_O}{I_O}$（相对误差）						

测试结果总结

（1）改装表的读数偏_____（大/小）。
（2）相对误差平均值为_____。

多量限电流表的制作

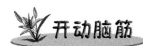

开路式直流电流表的结构和原理简析

（1）从前面单量限电流表的制作中可以知道，电流表是_____和_____电阻两部分（并/串）联而成的，该电阻又称分流电阻或分流器。

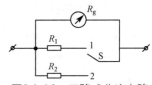

图2.1.13　开路式分流电路

（2）多量限电流表的表头是共用的，量限不同只是（附加电阻/分流电阻）不同而已，其电路应如图 2.1.13 所示，这种电路被称为开路式分流电路，两量限的选择只要用一个_____刀_____掷开关来切换分流电阻即可。

（3）在本模块中，仍使用上个模块中使用过的表头，其满偏电流 I_g=____，内阻 R_g=____。若与 R_1 对应的量限为 0.5 mA，则 R_1= _____；若与 R_2 对应的量限为 5 mA，则 R_2= _____。

制作开路式电流表并测试

（1）利用老师提供的电阻器，分别制作 R_1 和 R_2，使它们的等效阻值与 R_1、R_2 相等，R_1 由_____个电阻构成，R_2 由_____个电阻构成，在下面虚线框中画出它们的串（并）联组成电路，并标出相关参数。

R_1 的构成图

R_2 的构成图

（2）分别将拼成的 R_1、R_2 和表头、开关连接成两量限电流表。

（3）用刚改装的两量限电流表测试电流。

① 对照图 2.1.14 连接好电路。

② 用 0.5 mA 量限测量电流，并适当调节电位器，使指针指在满刻度的 4/5 处，读出此时所测电流大小为_____。

③ 断开电源，将电流表切换至 5 mA 量限。

④ 接通电源，读出此时电流表所测电流为_____。

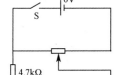

图2.1.14　测试电流

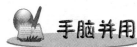

测试总结

（1）根据前面的测试，判断你制作的两量限电流表是否准确可行？说说原因。
_____
_____

（2）若在切换量限时忘了切断电源，而是在带电情况下直接切换，会出现什么现象？
_____
_____

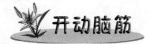

观察现象

（1）在 0.5 mA 量限状态时接通电源。

（2）在不切断电源的情况下，直接通过开关将量限切换成 5 mA，观察在切换过程中电流表的反应。你所观察到的现象是：_____
_____

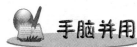

问题分析

（1）在切换过程中，开关由接 R_1 过渡到接 R_2，在开关断开 R_1 到接通 R_2 这一段时间内，电流表分流支路的电阻为_____，电流表的表头电流_____（很大/很小），所以才出现以上所观察到的现象。

（2）开关在分流支路中切换，即使切换时电源已断开，但开关的接触不良现象时常发生。一旦接触不良，接通电源后，_____（分流电阻/表头）支路的电阻就会变大，甚至无穷大。所以，_____（分流电阻/表头）支路的分流就会变大，从而导致_____（分流电阻/表头）支路过流（电流过大），轻则测量不准，重则损坏_____（分流电阻/表头）。

（3）由上面的分析可知，图 2.1.14 所示的多量限分流电路通常是_____（能/不能）采用的。

知识链接

多量限电流表

1）多量限电流表的分流电阻（分流器）的两种连接方法

① 一种是开路连接方式，它的优点是各量限具有独立的分流电阻，互不干扰，调整方便。但它存在严重的缺点，因为开关的接触电阻包含在分流电阻支路内，使仪表的误差增大，甚至会因开

关接触不良引起表头支路电流过大而损坏表头。所以，实际中开路连接方式是不采用的。

② 实用的多量限电流表的分流器都采用如图 2.1.15 所示的闭路连接方式。这种电路的特点是，对应每个量限在仪表的外壳上都有一个接线柱来实现量限的切换，在一些多用仪表（如万用表）中，大多也用转换开关来切换量限，但它们的接触电阻对分流关系没有影响，即对电流表的误差没有影响，也不会使表头过流。在这种电路中，任何一个分流电阻的阻值发生变化时，都会影响其他量限，所以调整和修理都比较烦琐。

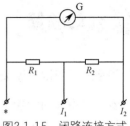

图2.1.15 闭路连接方式

2) 多量限电流表的工作原理

两量限电流表测量线路的基本形式如图 2.1.15 所示，"*"为公共端钮，"I_1"和"I_2"为量限选择端钮。

① 若用量限"I_2"端钮测量，当所测电流为 I_2 时，表头应满偏，所通过的电流为 I_g，电路如图 2.1.16 所示，根据基尔霍夫电流定律可知

$$I_g + I_2' = I_2$$

若以顺时针方向为电路的绕行方向，则由基尔霍夫电压定律可知

$$-I_g R_g + I_2'(R_1 + R_2) = 0$$

消去 I_2' 得

$$I_g R_g = (I_2 - I_g)(R_1 + R_2) \tag{2.1.6}$$

② 当接"*"和"I_1"时，电路如图 2.1.17 所示，根据基尔霍夫电流定律可知

$$I_g + I_1' = I_1$$

若以顺时针方向为电路的绕行方向，则由基尔霍夫电压定律可知

$$-I_g(R_g + R_2) + I_1' R_1 = 0$$

消去 I_1' 得

$$I_g(R_g + R_2) = (I_1 - I_g) R_1 \tag{2.1.7}$$

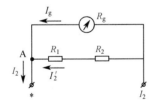

图 2.1.16 量限 1

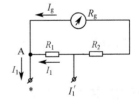

图 2.1.17 量限 2

只要量限 I_1、I_2 已知，解式（2.1.6）、式（2.1.7）就可求出 R_1、R_2。

其实，上面的式（2.1.6）和式（2.1.7）也可通过并联电路的相关规律很方便地得到，在这里用基尔霍夫定律来分析，以练习一下该定律的应用。

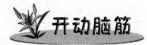

闭路式两量限电流表的设计

若仍采用前面的表头,仍制作量限为 0.5 mA 和 5 mA 的两量限电流表,采用闭路式分流电路,如图 2.1.15 所示,则

(1) 当电表为"0.5 mA"量限且表头满偏时,根据基尔霍夫定律,可得方程

(2) 当电表为"5 mA"量限且表头满偏时,根据基尔霍夫定律,可得方程

(3) 解方程得 $\begin{cases} R_1 = \\ R_2 = \end{cases}$

制作闭路式两量限直流电流表

(1) 选配电阻器(分流器电阻),在下面虚线框中画出分流器电阻的构成图。

R_1 的构成图　　　　　　　R_2 的构成图

(2) 按照图 2.1.15 连接电路,改装多量限电流表。

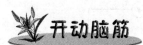

设计量限切换开关

(1) 若给你一只单刀双掷开关,请将前面用接线端钮切换量限的电流表改造成用转换开关切换的电流表,即将单刀双掷开关接入图 2.1.15 所示的电路,并由此实现量限的切换。并在下面的虚线框中画出相应的电路。

用单刀双掷开关实现量限切换的两量限直流电流表

（2）在切换电表的量限过程中，转换开关接触不良_____（会/不会）引起表头过流。

制作转换开关切换的两量限电流表并测试

（1）将单刀双掷开关按照前面的设计接入图 2.1.15 所示的电路，对两量限直流电流表进行改造，用转换开关来实现量限的切换。
（2）将改造好的电流表接入电路。
（3）将电表置 0.5 mA 挡，闭合电路，调节电位器使电表满偏。
（4）在不切断电源的情况下，将电表切换至 5 mA 挡，观察切换过程中电表的反应。

设计多量限电流表的制作方案

前面制作的两量限直流电流表，虽有两个量限，但其测量范围仍很小，仍无法满足一般测量的要求。如果制作量限分别为 0.5 mA、5 mA、50 mA、500 mA 的多量限直流电流表，则其测量线路如图 2.1.18 所示。

（1）根据前面制作两量限电流表的经验，I_{m1} 对应的量限为_____mA，I_{m2} 对应的量限为_____mA，I_{m3} 对应的量限为_____mA，I_{m4} 对应的量限为_____mA。

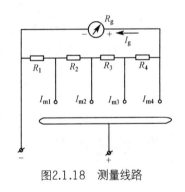

图2.1.18 测量线路

（2）分别在下面的虚线框中画出 I_{m1}、I_{m2}、I_{m3}、I_{m4} 各挡的测量线路，并标明电表满偏时的相关电流及表头电阻的文字符号。

I_{m1} 量限的测量线路

I_{m2} 量限的测量线路

I_{m3} 量限的测量线路

I_{m4} 量限的测量线路

（3）根据基尔霍夫定律或并联电路的相关规律，列出各量限求解分流电路电阻所对应的方程。

I_{m1} 量限可立方程为：　　　　　　　　　I_{m2} 量限可立方程为：

I_{m3} 量限可立方程为：　　　　　　　　　I_{m4} 量限可立方程为：

（4）将前面测量的 R_g=＿＿＿Ω、I_g=＿＿＿μA、I_{m1}=0.5 mA、I_{m2}=5 mA、I_{m3}=50 mA、I_{m4}=500 mA 代入各方程，解方程组可得

R_1=＿＿＿＿＿＿；
R_2=＿＿＿＿＿＿；
R_3=＿＿＿＿＿＿；
R_4=＿＿＿＿＿＿。

（5）根据上面的计算可知，R_1、R_2 的阻值较＿＿＿，而通过的电流较＿＿＿。没有现成的这种大功率电阻，就需要动手来制作符合要求的电阻。

① 一般粗细均匀的电阻丝，其电阻的大小与其长度成＿＿＿比，与其横截面积成＿＿＿比，这就是＿＿＿＿＿＿＿＿定律。比例常数称为＿＿＿＿＿＿，它与材料有关。

② 若某种型号的电阻丝，其电阻率和横截面积都未知，但已知单位长度的电阻大小和额定电流（如 10 Ω/m，2 A），若欲制作"2.3 Ω、0.5 A"的电阻器，则需这种电阻丝＿＿＿＿股，每股＿＿＿＿m 并联绕制。若制作"2.3 Ω、1.5 A"的电阻器，则需这种电阻丝＿＿＿＿股，每股＿＿＿＿m 并联绕制。

手脑并用

多量限电流表的制作

（1）制作大功率线绕电阻器。

① 电阻丝单位长度的电阻值为＿＿＿＿＿，额定电流为＿＿＿＿＿（由老师根据具体电阻丝给定）。

② 根据前面计算的电阻值和电阻丝单位长度的电阻值，求出所需电阻丝的长度。

R_1=＿＿＿，额定电流为＿＿＿，电阻丝要＿＿＿股，每股理论长度为＿＿＿＿＿；
R_2=＿＿＿，额定电流为＿＿＿，电阻丝要＿＿＿股，每股理论长度为＿＿＿＿＿。

③ 在所求电阻丝理论长度的基础上增加 1 cm 后截取电阻丝。

R_1 要＿＿＿股，每股实际长度为＿＿＿＿＿；
R_2 要＿＿＿股，每股实际长度为＿＿＿＿＿。

④ 每股电阻丝的两端各准确量取 0.5 cm，并除去这两段的绝缘层，且上锡。

⑤ 将电阻丝均匀地绕在一个绝缘骨架上，两端焊上相应的接线柱，即完成相应大功率绕线电阻器的制作。

（2）配制 R_3 和 R_4，在下面的虚线框中画出它们的组成图，并标明相关参数。

R_3 的组成图　　　　　　　　　　R_4 的组成图

（3）对照前面设计的电路连接线路，组装电路，用接插线来模拟转换开关，分别用红、黑色接插线来模拟红、黑表笔。

多量限改装电流表的测试

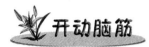

设计测试方案

在使用改装好的多量限电流表测量电流之前，必须对它的测量准确度进行试测评估。那么如何对改装好的电流表进行测试呢？

（1）将一只标准_____与改装后的电流表一起_____（串/并）联接入被测电路中，根据串联电路各部分电流_____的规律，流过改装电流表的电流应与标准电流表的电流_____，通过比较两表的读数，就可知道改装后电流表的误差。

（2）如图 2.1.19 所示，A_0 为标准电流表，A 为改装电流表。由于电表的量限跨度很大，所以测试电流的跨度也很大，若电源电压固定，则_____量限试测时会调节困难，所以要用可调电源和电位器。

测试

（1）按图 2.1.19 连接电路，连接电路时，电源保持_____，电源电压调至最_____，两表的量限调至最_____，电位器的滑动触点应置最_____（左/右）端（R 的大小由老师给定）。

（2）接通电源，将改装表的量限调至 0.5 mA，调节电源电压和电位器，使该表示数为接近满偏时的某一整数，读出该电流 I，并填入表 2.1.6 中。

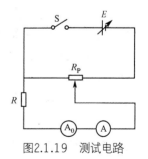

图2.1.19　测试电路

表 2.1.6　记录表

改装表量限	0.5 mA	5 mA	50 mA	500 mA
改装表测量值				
标准表量限				
标准表测量值				

续表

改装表量限	0.5 mA	5 mA	50 mA	500 mA
$I-I_O$（绝对误差）				
$(I-I_O)/I_O$（相对误差）				

（3）调节标准表至合适量限，测出此时的标准电流 I_O，并填入表 2.1.6 中。

（4）将改装表量限分别调至 5 mA、50 mA、500 mA，重复上面的步骤，分别测出改装表读数和标准表读数，并填入表 2.1.6 中。

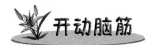

（1）在上面的测试中，你注意到"什么样的量限为合适量限"了吗？合适量限就是_____
_____。如果你没注意到这个问题，请你回头重新测试、体会。

（2）你对你所制作的电表是否满意？如果不满意，其原因是什么？
_____

1．电流表的内阻和电流表的功耗

在实际测量中，直接从串联于待测电路中的电流表刻度盘上读出待测电流的大小，除了电表是否准确外，很少考虑其他因素。其实将电流表串联接入电路，也同时将电流表的内阻串联接入了电路，使电路电阻变大，电流减小。所以，严格地讲，电流表测电流时，会使电路的电流变小。

在实际应用中，一般电流表的内阻很小，对待测电路电流的影响也很小，故可以忽略不计，即认为电流表内阻为零，看成理想的电流表。

电流表内阻对测量结果的影响就是电流表的功耗问题，对用同一表头改装的电流表而言，其量限越大，内阻越小，功耗越小，越接近理想电流表。

在选择电流表时，电流表内阻的大小是要考虑的重要因素之一。若测量所要达到的相对误差大小为 γ，电流表的内阻为 R_A，待测电路的电阻为 R，则

$$R_A/R \leqslant 1/5\gamma$$

2．电流表分流器的种类

（1）内置分流器。前面所讨论的分流器都是内置式分流器，它们都封装在仪表外壳内，与表头构成一个整体，所能测量的电流较小。

（2）外附分流器。外附分流器主要用于测量 50 A 以上电流的电表，这是因为测量大电流时，分流电阻的温度较高，体积也很大，采用外附式分流器可以减小温度对仪表的影响。

3. 电流表的使用与维护

1) 电流表的连接

在工程测量中，一般电流表与负载串联，使被测电流流过电流表。这种方法可以测量 $10^{-6}\sim 10^2$ A 的电流。

2) 合理选择电流表

① 根据被测量准确度的要求，合理选择电流表的准确度。一般来说，0.1、0.2 级的磁电式电流表适合用于标准表及精密测量中；0.5～1.5 级磁电式电流表适合用于实验室中进行测量；1.0、5.0 级磁电式电流表适合用于工矿企业中电气设备运行监测和电气设备检修。

② 根据被测电流大小选择相应量限的电流表。盲目选择量限时，若过大会造成测量准确度下降，过小会造成电流表损坏。一般以测量时电表指示在三分之二到满刻度之间为最佳。

③ 根据使用环境，选择适合电流表使用条件的组别。

④ 合理选择电流表内阻。对电流表而言，要求其内阻越小越好，通常要求电流表的内阻要小于被测电路内阻阻值的百分之一，或要求其内阻 R_A 与负载电阻 R 之比不大于允许相对误差γ的 1/5。

3) 测量前的检查

测量前，应检查电流表的指针是否对准"0"刻度线。如果没有对准，应调节调零旋钮使指针对准"0"刻度线。

4) 电流表与被测电路的连接

测量时，应将电流表串接于被测电路的低电位一侧。当被测电流较大时（大于 50 A），应先将外附分流器的电位端钮连接好，然后再把电流端钮串接于被测电路中。这里需要注意电流表端钮的极性符号：对单量限电流表，被测电流应从标有"+"的端钮流入电流表，从标有"－"的端钮流出电流表；对多量限电流表，标有"*"的是公共端钮，如果其他端钮标有"+"符号，则应使被测电流从"+"端钮流入，从"*"端钮流出；如果其他端钮标有"－"符号，则其连接正好与上述情况相反。

5) 正确读数

读数时，应让指针稳定后再进行读数，并尽量使视线与刻度盘保持垂直。如果刻度盘有反射镜，则应使指针和指针在镜中的影像重合，以减小误差。

6) 维护方法

由于磁电式电流表的过载能力很小，使用时一定要注意连接电路的极性和量限的选择。若在测量中发现指针反偏或正偏超过标度尺上的满刻度线，应立即断电停止测量，待接线正确或重新选择更大量限的电流表后再进行测量。

基尔霍夫定律

1. 基尔霍夫电流定律

① 支路：由一个或几个元器件首尾相接构成的无分支电路。如图 2.1.20 中的 FD 支路、AB 支路和 GC 支路。

② 节点：三条或三条以上支路会聚的点。图 2.1.20 中的电路只有两个节点，即 A 点和 B 点。

③ 回路：任意的闭合电路。图 2.1.20 所示的电路中可找到三个不同的回路，它们是 AFDBA、ABCGA 和 AFDBCGA。

④ 网孔：网孔是一种特殊的回路，就是组成电路的一个个最小的回路单元。图 2.1.20 所示的电路中虽有三个不同的回路，但网孔只有两个，它们是 AFDBA、ABCGA。

基尔霍夫电流定律又称节点电流定律，即电路中任意一个节点上，流入节点的电流之和，等于流出节点的电流之和。

例如，对于图 2.1.21 中的节点 A，有

$$I_1 = I_2 + I_3$$

或

$$I_1 + (-I_2) + (-I_3) = 0$$

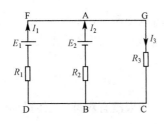

图 2.1.20　示例电路

图 2.1.21　基尔霍夫电流定律

如果规定流入节点的电流为正，流出节点的电流为负，则基尔霍夫电流定律可写成

$$\sum I = 0$$

即在任一节点上，各支路电流的代数和永远等于零。

例如，图 2.1.20 所示的电路有两个节点，对于 A 节点来说，有

$$I_1 + I_2 + I_3 = 0$$

当然，这三个电流中至少有一个应该是负值，它的方向与图中所标方向相反，表示它是流出节点的。

对于 B 节点来说，也可得到一个节点电流关系，不过写出来就会发现，它和 A 点的节点电流关系一样。这其实也是一个规律，即电路中若有 n 个节点，则只能列出 $n-1$ 个独立的节点电流方程。

应该指出，在分析与计算复杂电路时，往往事先不知道每一支路中电流的实际方向，这时可以任意假定各个支路中电流的方向，称为参考方向，并且标在电路图上。若计算结果中，某一支路中的电流为正值，表明原来假定的电流方向与实际的电流方向一致；若某一支路的电流为负值，表明原来假定的电流方向与实际的电流方向相反。

2. 基尔霍夫电压定律

基尔霍夫电压定律又称回路电压定律，它说明的是闭合回路中各段电路电压之间的关系。如图 2.1.22 所示，回路 abcdea 表示复杂电路若干回路中的一个回路，若各支路都有电流（方向如图所示），当沿 a-b-c-d-e-a 绕行时，电位有的升高，有的降低，但不论怎样变化，当从 a 点绕闭合回路一周回到 a 点时，a 点电位不变。即

$$U_{ac} + U_{ce} + U_{ea} = 0$$

基尔霍夫电压定律是指，从一点出发绕回路一周回到该点的各段电压（电压降）的代数和等于零。即

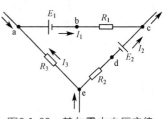

图2.1.22 基尔霍夫电压定律

$$\sum U=0$$

例如，图 2.1.22 所示的电路，若各支路电流如图所示，回路绕行方向为顺时针方向，则

$$U_{ab}+U_{bc}+U_{cd}+U_{de}+U_{ea}=0$$

即

$$E_1+I_1R_1+E_2-I_2R_2+I_3R_3=0$$

在图2.1.22 所示的电路中，仍以顺时针方向为电路的绕行方向，则对左侧网孔而言，有

$$E_2-I_2R_2+I_1R_1-E_1=0$$

对右侧网孔而言，有

$$-I_3R_3+I_2R_2-E_2=0$$

图 2.1.22 中有三个回路，但只有两个网孔，所以独立的回路电压方程只能列两个，即电路有多少个网孔，一般可列多少个独立的回路电压方程。

从上面的分析可以看出，用基尔霍夫定律来解决问题，首先要假定各支路的电流方向和回路的绕行方向，且方向可以任意选择，但一经选定后就不能中途改变了。

巩固提高

1．一般直流电压表由哪几部分组成？各部分的作用是什么？
2．怎样确定附加电阻的参数？
3．怎样校验电压表？需要哪些器材？画出相应的校验电路。
4．多量限直流电压表的测量线路有哪几种形式？各有什么特点？
5．怎样制作多量限直流电压表？简述你的制作步骤。
6．怎样校验多量限直流电压表？需要哪些器材？画出相应的校验电路。
7．怎样测量表头的内阻？说说你的测量步骤，在测量过程中应注意哪些问题？
8．怎样确定分流电阻的参数？
9．怎样校验电流表？需要哪些器材？画出相应的校验电路。
10．多量限直流电流表的分流器有哪几种形式？各有什么特点？为什么开路式分流器一般不用？
11．怎样制作多量限直流电流表？简述你的制作步骤。
12．用一只内阻为 500 Ω、满偏电流为 200 μA 的微安表设计一只量限分别为 2 mA、20 mA、200 mA 的三量限电流表。
13．怎样校验多量限直流电流表？需要哪些器材？画出相应的校验电路。
14．基尔霍夫定律的主要内容是什么？在本项目中哪些地方应用了这些规律？是怎样应用的？

项目2　万用表的制作

学习目标

❖ 进一步理解电阻的串并联规律，了解基尔霍夫定律和戴维宁定理，以及二极管的单向导电性

- 理解万用表的一般工作原理
- 能识读万用表装配图并按装配图要求制作万用表
- 能用所制作的万用表进行一般电压、电流和电阻的测量并校验

工作任务

- 万用表原理图、装配图的识读
- 组装万用表并进行调试
- 用组装好的万用表进行电压、电流和电阻的测量

第1步 万用表电路图的识读与元器件检测

本单元将通过组装一只模拟式万用表,来熟悉、掌握电子产品从元器件的选择、检验、装配到最后的调试等制作的全过程。本次组装的是南通天友电工仪表厂生产的 MF47 型模拟万用表。

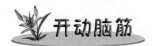

表头附属电路的识读、分析

MF47 型万用表的电路原理如图 2.2.1 所示。

(1) 与表头串(并)联的元器件有_____。

① 二极管具有_____导电性,型号为 1N4001 的二极管是硅材料二极管,正向导通时两端电压_____(随电流增大而增大/基本维持不变),且为_____(0.7/0.3) V 左右。两只二极管一正一反与表头相并联,则电表工作过程中不论是加正向电压还是加反向电压,表头电压最大只能在____V 左右。可见,这两只二极管在此起到限压保护作用,保证_____两端电压不致过高而损坏。

② 与表头并联的还有两只电容器。电容器是_____(耗能/储能)元器件,_____(电压/电流)的大小是其储能多少的标志。能量是_____(能/不能)突变的,所以电容器的_____(电压/电流)也是_____(能/不能)突变的。如果没有电容器,则外界出现强磁场干扰时(如雷电干扰等),电表中会出现短时、强电磁脉冲信号,这些信号一般都很强,会超过表头的承受能力而损坏表头。但有了电容后,电容器两端的电压始终_____(等于/大于/小于)表头电压。而电容器两端的电压_____(能/不能)突变,以致表头两端的电压也_____。又因为电磁脉冲持续的时间一般很____(短/长),电压还没来得及大幅度升高信号就消失了,所以电容器能起到保护表头的作用,用于吸收_____(电磁/机械)干扰。至于为什么要用两只电容器且其中一只是电解质电容器,将在后续课程中分析。

(2) 还有一只电位器与表头相串联。对大部分测量来说,它与表头一起可视为一只等效表头。该等效表头的满偏电流_____于原表头的满偏电流,等效表头的内阻_____于原表头的内阻。

相关元器件识读与检测并识读装配图

从所配发的物品中找出相关元器件。

（1）表头。

① 固定于_____，有引线_____根，颜色分别为____色和____色。

② 用上一模块中制作的多倍率欧姆表检测表头的极性（注意，尽量用高倍率挡），根据表头指针偏转方向可知，____线为表头的正极引线，____线为表头的负极引线。

（2）找出二极管、电容器。

① 识读二极管标识，填入表 2.2.1 中。

表 2.2.1 记录表

元 器 件	V_1	V_2	V_3	V_4
标识				

② 用上一模块中制作的多倍率欧姆表的_____挡检测二极管，确定二极管的正、负极，在二极管的外表面上，正、负极的区别在于_____。

③ 用前面制作的多倍率欧姆表检测电容器。

检测 C_1 所用挡位_____，现象是_____。结论为_____；

检测 C_2 所用挡位_____，现象是_____。结论为_____。

在上面的检测中，若发现检测对象的质量有问题，则申请进一步检测并更换。

（3）找一找电位器 W_1，这是_____（线绕/碳膜）式电位器，它有____个接线端。

（4）从装配图中找出各元器件的装配位置。

① 在装配图中找出 C_1、C_2、V_1、V_2。

② 在装配图中找出 W_1，并在图 2.2.1 中标出与 A、B、C 相应的连线编号。

直流电流挡原理分析

（1）将图 2.2.1 中有关直流电流挡的电路分离出来，画在下面的虚线框中（注意，保持各元器件在图 2.2.1 中的相对位置和电路走向不变，即只将与直流电流挡无关的部分去掉，相关部分原样画出）。

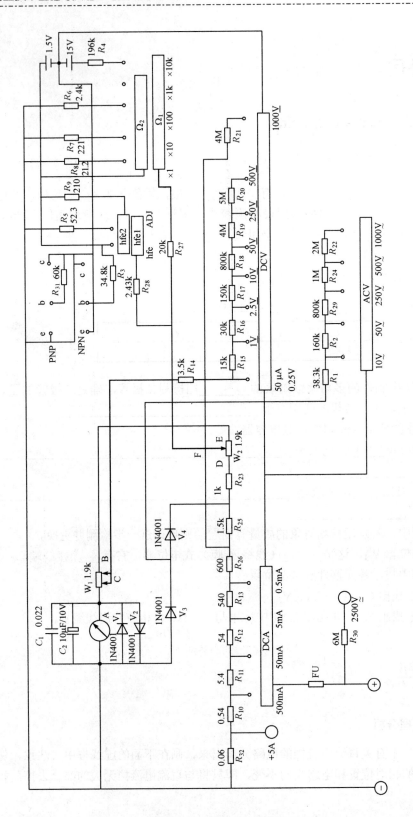

图2.2.1 MF47型万用表的电路原理图

(2) 电流挡分析。

① 0.5 mA 挡的原理电路如图 2.2.2 所示,请在图中补全各元器件的参数。

图 2.2.2　0.5 mA 挡的原理电路

② 仿照 0.5 mA 挡的原理电路,画出其他直流电流挡的原理电路图。

5 mA 挡原理电路图

50 mA 挡原理电路图

500 mA 挡原理电路图

5 A 挡原理电路图

50 μA 挡原理电路图

（3）W_2 的触点移动时，接在直流电流挡电路中的电阻_____（有/无）变化，对直流电流各挡读数_____（有/无）影响。

（4）W_1 有两个触点，若保证两触点间的相对位置不变，整体移动两触点，则接在直流电流挡电路中的电阻_____（有/无）变化，对直流电流各挡读数_____（有/无）影响；若两触点间的距离变小，则接在支路中的电阻将变____（大/小），直流电流各挡的测量值将变_____。（大/小）。

（5）假如 R_{10} 开路，则各项测量会出现的现象将是（为 0/偏大/偏小/很大）：
5 A 挡读数_____，500 mA 挡读数_____，50 mA 挡读数_____。
5 mA 挡读数_____，0.5 mA 挡读数_____，50 μA 挡读数_____。

（6）假如 R_{10} 短路，则各项测量会出现的现象将是：
5 A 挡_____（偏大/偏小），_____（明显/不明显）
500 mA 挡_____（偏大/偏小），_____（明显/不明显）
50 mA 挡_____（偏大/偏小），_____（明显/不明显）
5 mA 挡_____（偏大/偏小），_____（明显/不明显）
0.5 mA 挡_____（偏大/偏小），_____（明显/不明显）
50 μA 挡_____（偏大/偏小），_____（明显/不明显）
_____挡和_____挡的测量结果一样。

手脑并用

检测元器件并识读装配图

（1）从配发元器件中分检出各电阻器，并用上面模块中制作的欧姆表进行简单检测，填写表 2.2.2。若发现检测对象的质量有问题，则申请进一步检测和更换。

表 2.2.2 记录表

元器件	R_{32}	R_{10}	R_{11}	R_{12}	R_{13}	R_{26}	R_{25}	R_{23}	W_2
类型									
标识									
标称值									
测量值									

注：类型指"色环/线绕"，标识指"数码"、"色环"等，无标识则填"无"。

(2) 从装配图中找出各电阻器的安装位置,填写 2.2.3。

表 2.2.3　记录表

元 器 件	R_{32}	R_{10}	R_{11}	R_{12}	R_{13}	R_{26}	R_{25}	R_{23}	W_1	W_2
所在装配图号										

(3) 找出 W_2 各端子的连接位置。W_2 是万用表的零欧姆调整器,其"E"端通过_____号线与 W_1 的"B"端相接,"D"端与装配图的_____号线相接,"F"端与装配图中的____号线相接。在原理图中标出与三个接线端相连的连接线编号。

(4) 以上元器件中直接安装在电表两接线柱之间的是_____。

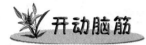

直流电压挡原理分析

(1) 将直流电压挡的相关测量线路从万用表原理图中分离出来,画在下面的虚线框中(注意:保持各元器件的相对位置和电路走向不变)。

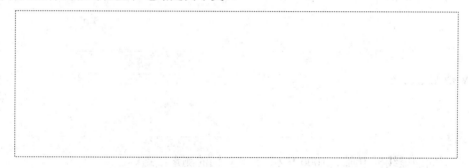

(2) 如图 2.2.3 所示,为 0.25 V 直流电压挡的测量电路,请补全相关元器件的参数。

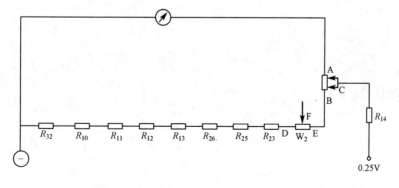

图 2.2.3　0.25 V 直流电压挡的测量电路

(3) 在图中补上适当的元器件,画出 1 V、2.5 V、10 V、50 V、250 V、500 V 挡的测量线路。

1 V 挡测量线路：

2.5 V 挡测量线路：

10 V 挡测量线路：

50 V 挡测量线路：

250 V 挡测量线路：

500 V 挡测量线路：

（4）在下面的虚线框中画出 1000 V 和 2500 V 挡的测量线路。

1000 V 挡测量线路：

2500 V 挡测量线路：

（5）若 R_{16} 开路，则各挡测量结果怎样（横线处填"偏大"、"偏小"、"正常"或"不动"）？

0.25 V 挡_____； 1 V 挡_____； 2.5 V 挡_____；
10 V 挡_____； 50 V 挡_____； 250 V 挡_____；
500 V 挡_____； 1000 V 挡_____； 2500 V 挡_____。

（6）若 R_{16} 短路，则各挡测量结果怎样（正常者的后一个空不填）？

0.25 V 挡_____（偏大/偏小/正常），____（明显/不明显）；

1 V 挡_____（偏大/偏小/正常），____（明显/不明显）；

2.5 V 挡_____（偏大/偏小/正常），____（明显/不明显）；

10 V 挡_____（偏大/偏小/正常），____（明显/不明显）；

50 V 挡_____（偏大/偏小/正常），____（明显/不明显）；

250 V 挡_____（偏大/偏小/正常），____（明显/不明显）；

500 V 挡_____（偏大/偏小/正常），____（明显/不明显）；

1000 V 挡_____（偏大/偏小/正常），____（明显/不明显）；

2500 V 挡_____（偏大/偏小/正常），____（明显/不明显）。

（7）若 W_1 的两个触点保持相对位置不变而整体向表头一侧移动，则各电压挡的测量结果将（横线处填"偏大"、"偏小"或"不变"）：

0.25 V 挡_____；　　1 V 挡_____；　　2.5 V 挡_____；

10 V 挡_____；　　50 V 挡_____；　　250 V 挡_____；

500 V 挡_____；　　1000 V 挡_____；　　2500 V 挡_____。

检测元器件并识读装配图

（1）从配发元器件中找出直流电压挡的各独立元器件，并用欧姆表进行简单检测，填写表 2.2.4。若发现检测对象的质量有问题，则要进一步具体检测及更换。

表 2.2.4　记录表

元器件	R_{14}	R_{15}	R_{16}	R_{17}	R_{18}	R_{19}	R_{20}	R_{21}	R_{30}
标识									
标称值									
测量值									

（2）找出直流电压挡各独立元器件在装配图中的安装位置及连接线，填写表 2.2.5。

表 2.2.5　记录表

元器件	R_{14}	R_{15}	R_{16}	R_{17}	R_{18}	R_{19}	R_{20}	R_{21}	R_{30}
所在装配图号									

交流电压挡的原理分析

（1）将万用表的交流电压挡测量线路从电路原理图中分离出来，画在下面的虚线框中。注意保持各元器件的相对位置和电路走向不变。

（2）以下是 10 V 交流电压挡正半周时电流流过的路径：

$\oplus \to FU \to DCA \to ACV \to 10V \to R_1 \to D_4 \to$
上路径：$R_{23} \to W_2 \to W_1 \to \text{(表)} \to$
下路径：$R_{25} \to R_{26} \to R_{13} \to R_{12} \to R_{11} \to R_{10} \to R_{32} \to \ominus$

请画出该挡在交流电处于负半周时电流流过的路径：

（3）参照上面的画法，画出交流电压挡处于正半周和负半周时 2500 V 挡的电流路径。
正半周：

负半周：

（4）若电表的其他功能测量正常，只是所有交流电压挡测量不正常，则可能出现故障的元器件是_____、_____、_____。

（5）V_3 为_____二极管，其作用为_____；V_4 为_____二极管，其作用为_____。

手脑并用

检测元器件并识读装配图

（1）从配发的元器件中找出交流电压挡的各独立元器件，并用前面制作的欧姆表进行简单检测，并根据测量结果确定二极管的极性，填写表 2.2.6 和表 2.2.7。若发现检测对象的质量有问题，则要进一步具体检测及更换。

表 2.2.6　记录表

元器件	R_1	R_2	R_{29}	R_{24}	R_{22}
标识					
标称值					
测量值					

表 2.2.7　记录表

二极管	V_3		V_4	
偏置	正	反	正	反
倍率				
阻值				

（2）找出各元器件在装配图中的位置及连接点，填写表 2.2.8。

表 2.2.8　记录表

元器件	R_1	R_2	R_{29}	R_{24}	R_{22}	V_3	V_4
所在装配图号							

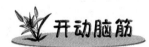

电阻挡的原理分析

（1）将电阻挡测量线路从万用表原理图中分离出来，画在下面的虚线框中。注意保持各元器件的相对位置和电路走向不变。

（2）R×1 挡的电流路径如下。

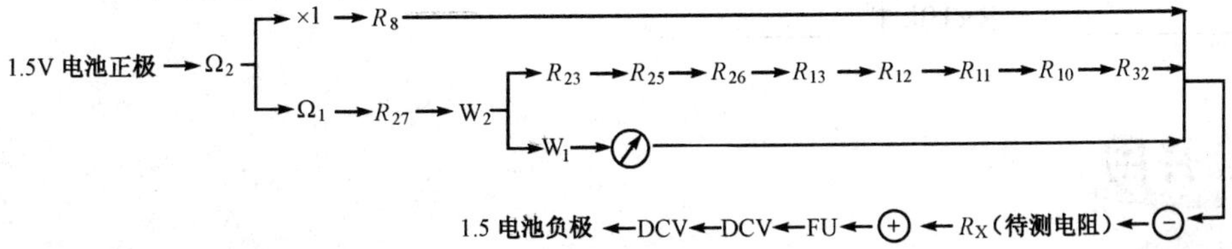

仿照上图，分别画出 R×10 挡、R×100 挡、R×1 k 挡、R×10 k 挡的电流路径图。

R×10 挡电流路径图：

R×100 挡电流路径图：

R×1k 挡电流路径图：

R×10k 挡电流路径图：

（3）从上面的电流路径图可见，零欧姆调整器是_____。

（4）若 R_{27} 开路，则电阻各挡的测量结果为_____；若 R_{27} 短路，则电阻各挡的测量结果为_____。

（5）若 R_8 开路，则各挡测量结果为（横线处填"偏大"、"偏小"或"正常"）：

R×1 挡_____； R×10 挡_____； R×100 挡_____；

R×1k 挡_____； R×10k 挡_____。

（6）若 R_8 短路，则各挡测量结果为（横线上填"偏大"、"偏小"或"正常"）：

R×1 挡_____； R×10 挡_____； R×100 挡_____；

R×1k 挡_____； R×10k 挡_____。

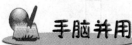

检测元器件并识读装配图

hfe 和 ADJ 挡是建立在电阻挡基础上的用于晶体三极管 β 值测量的两个挡位。至于它们的原理和使用将在后续课程中学习。在此,只将该部分的元器件同电阻挡其他元器件合在一起,进行简单识读、检测并安装。

(1) 从配发元器件中找出各相关元器件,并用前面制作的欧姆表进行简单检测,填写表 2.2.9。

表 2.2.9　记录表

元 器 件	R_{27}	R_{28}	R_3	R_4	R_5	R_6	R_7	R_8	R_9	R_{31}
标识										
标称值										
测量值										

(2) 确定装配图中各元器件的位置和安装点,填写表 2.2.10。

表 2.2.10　记录表

元 器 件	R_{27}	R_{28}	R_3	R_4	R_5	R_6	R_7	R_8	R_9	R_{31}
所在装配图号										

开动脑筋

其他部分的原理分析

(1) 从原理图上看,保险丝 FU 接于_____和_____之间,在该万用表中,与该保险丝有关联的测量功能有_____。

(2) 从原理图上分析,该万用表的转换开关属多刀多掷开关,它应有动触点____个,静触点_____组。

(3) 从原理图上分析,该电表应有"DCA"等连接多个挡位的静触片___个;有"5 mA"等连接转换开关一个挡位的静触点___个。使用直流"2500 V"挡时转换开关应置_____挡,黑表笔插于_____孔,红表笔插于_____孔;使用交流"2500 V"挡时转换开关应置_____挡,黑表笔插于_____孔,红表笔插于_____孔;使用"5 A"挡时转换开关应置_____挡,黑表笔插于_____孔,红表笔插于_____孔。

(4) 检测表头。前面利用所制作的简易欧姆表测量了表头,判断出了其正、负极。如果要检测表头的满偏电流和内电阻,请根据图 2.2.4 所示的电路,设计测量方案,简述测量过程。

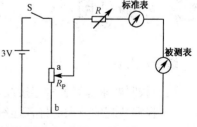

图 2.2.4　检测表头

① 测量方案:
_____
_____
_____
_____

② 表头内阻一般在几千欧姆左右，则该方案中的电位器值应越_____（大/小）越好。因为只有电位器的阻值_____（大/小），电阻箱调节时的电流变化对 U_{ab} 的影响才会很小，才能保证 R 变化时 U_{ab} 保持不变。

检测表头并识读装配图

（1）按照上面的电路和方案测量表头参数。

I_g=_____，R_g=_____，与要求_____（完全/基本/不）相符；如果不相符，则及时报告，申请进一步鉴定或更换。

（2）识读装配图。检查插孔、旋钮等部件对应的安装位置及安装方法。

（3）在装配图中标出 DCA、DCV、ACV、$Ω_1$、$Ω_2$、hfe_1、hfe_2 等静触片。

（4）识读原理图和装配图，在原理图中标出连线。

第 2 步　万用表的装配与调试

装配万用表

（1）按照要求剪好各种连接线，剥好线头，上锡。

① 根据装配的要求剪好各连线，注意连线所要求的长度和颜色。

② 学习使用剥线钳并剥好线头。剥开线芯的长度为 2 mm 左右。

③ 捻线并上锡。捻紧剥好的线头，使所有芯线按 30 度角绞合在一起，再用烙铁上锡。

（2）对线绕电阻刮脚上锡。

（3）焊图 2.2.5 中的电阻、电容、二极管。

（4）焊图 2.2.6 中触片上的连接线。

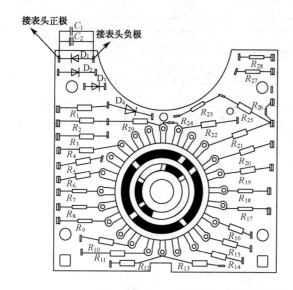

图 2.2.5 焊接元器件

R_1 38 k	R_{16} 30 k		
R_2 160 k	R_{17} 150 k		
R_3 33 k	R_{18} 800 k		
R_4 196 k	R_{19} 4 M		
R_5 51	R_{20} 5 M 0.5 N		
R_6 2.4 k	R_{21} 4M 0.5W		
R_7 221	R_{22} 2M $\frac{1}{4}$ W		
R_8 21.2	R_{23} 1 k		
R_9 210	R_{24} 1 M $\frac{1}{4}$ W		
R_{10} 0.54	R_{25} 1.5 k		
R_{11} 5.4	R_{26} 600		
R_{12} 54	R_{27} 20 k		
R_{13} 540	R_{28} 2.4 k		
R_{14} 3.5	R_{29} 800 k		
R_{15} 15 k			

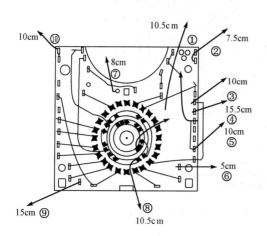

线号	线长/cm	线号	线长/cm
①	10.5	⑦	8
②	7.5	⑧	10.5
③	10	⑨	15
④	15.5	⑩ ⑤	10
⑥	5	⑪	10
⑬	6.5	⑫	10

图 2.2.6 焊接连线

（5）焊图 2.2.7 中的连线。
（6）焊图 2.2.7 中的⑪、⑫、⑬三根连线。
（7）把图 2.2.6 的十根连线的另一端焊到图 2.2.7 的相应序号处，并焊好表头的正、负极连线。
（8）检查装配图，核对组装后的万用表。

检查触片间的连线。
检查各连接线的首、末端。

① 号线：颜色____，装配情况_____。　② 号线：颜色____，装配情况_____。
③ 号线：颜色____，装配情况_____。　④ 号线：颜色____，装配情况_____。
⑤ 号线：颜色____，装配情况_____。　⑥ 号线：颜色____，装配情况_____。
⑦ 号线：颜色____，装配情况_____。　⑧ 号线：颜色____，装配情况_____。
⑨ 号线：颜色____，装配情况_____。　⑩ 号线：颜色____，装配情况_____。
⑪ 号线：颜色____，装配情况_____。　⑫ 号线：颜色____，装配情况_____。
⑬ 号线：颜色____，装配情况_____。

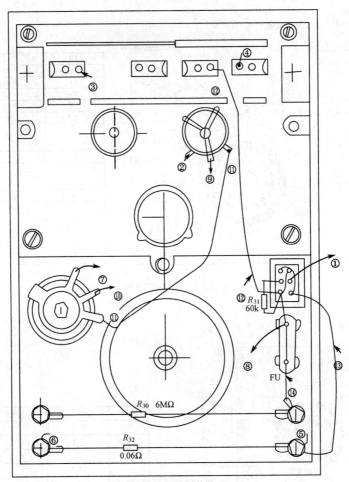

图 2.2.7 MF47 型万用表面板连接图

检查各电阻器和电容器，填写表 2.2.11。

表 2.2.11 记录表

元器件	标称值	装配情况	元器件	标称值	装配情况	元器件	标称值	装配情况
V_1			V_2			V_3		
V_4			C_1			C_2		
R_1			R_2			R_3		
R_4			R_5			R_6		
R_7			R_8			R_9		
R_{10}			R_{11}			R_{12}		
R_{13}			R_{14}			R_{15}		
R_{16}			R_{17}			R_{18}		
R_{19}			R_{20}			R_{21}		
R_{22}			R_{23}			R_{24}		
R_{25}			R_{26}			R_{27}		
R_{28}			R_{29}			R_{30}		
R_{31}			R_{32}					

（9）装电刷、螺钉、螺母等。
（10）装表箱。

万用表的调试

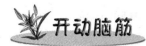

调试方案分析

（1）在直流电流挡测量电路中可调节的只有_____和_____。
（2）W_2 是电位器，调节该电位器，则接直流电流挡测量线路中的电阻将_____（变/不变）；W_1 既是电位器也是可变电阻，调节 W_1，则接直流电流挡测量线路中的电阻将_____（变/不变）。所以校验直流电流挡时应调整_____。
（3）若用图 2.2.8 所示的电路来校验电流挡，则校验时应在_____（闭合/断开）电源状态下转动转换开关及变换电阻箱阻值。为防止电路中电流过大而烧毁标准表（或被校表），应将电阻箱阻值先置_____（最大/最小）值，而后逐渐_____（调大/调小）。

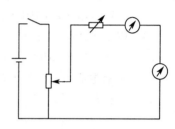

图 2.2.8　校验电流挡

调试直流电流挡

（1）按图 2.2.8 连接好标准表、组装的万用表（注：电流挡的校验与表头校验电路相同，标准表准确度等级≥0.5 级）。
（2）将组装万用表转换开关调至 50 μA 挡，电阻箱 R 置最大阻值。
（3）合上开关 S，调 R 的阻值大小及滑动变阻器的位置，使标准表读数为 50 μA。此时，若被校表读数不为 50 μA，则须调整被校表的电位器 W_1 的左边触片，使之也指在 50 μA 处。
（4）断开开关 S，被校表调至 0.5 mA 挡。
（5）再次合上 S，调 R 的阻值大小使标准表读数为 0.5 mA。此时，若被校表读数不为 0.5 mA，则须调整电位器 W_1 的右边触片，使之也指在 0.5 mA 处。
（6）按步骤（2）～（5）反复调整 50 μA 挡和 0.5 mA 挡数次后，拧紧 W_1 的螺钉。
（7）5 mA、50 mA、500 mA、5 A 等挡可按图 2.2.7 所示的连线直接校验，若读数不准，则应检查相应的电阻 $R_{\_\_\_}$、$R_{\_\_\_}$、$R_{\_\_\_}$、$R_{\_\_\_\_}$ 是否装错，填写表 2.2.12。

表 2.2.12　记录表

被校万用表量限	5 mA	50 mA	500 mA	5 A
标准表读数				
被校表读数				

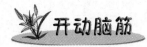

校验方案分析

（1）在直流电压挡校验电路中，标准表与被校表应_____（串联/并联），这是因为_____。

（2）一般情况下，实验中所需不同数值的直流电压是通过调节_____或_____来得到的。用这样的电路来校验万用表的直流电压挡时，由于电表的量限范围很大，高压很高，所以电源电压也应很高。若电源电压固定为 500 V，则高压基本能够校验了，但低量限 0.25 V 和 1 V 挡电压的调节会_____（很困难/不困难），所以这里的电源应为_____直流电源，如图 2.2.8 所示。

（3）校验 0.25 V、1 V 等小电压挡时，滑动变阻器应置于图 2.2.8 中_____（上/下）端位置，以保证输出电压不至于_____（过大/过小）而烧毁标准表（或被校表）。

（4）实际生活中，电源最高电压一般只有 250 V 左右，则 500 V、1000 V、2500 V 挡能校验吗？怎样校验？

调试直流电压挡

（1）对照图 2.2.9 所示连接好校验检测电路。

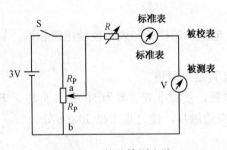

图 2.2.9 校验检测电路

（2）将被校表调至 1 V 挡，调节滑动变阻器使之输出 1 V 电压。此时标准表读数是 1 V，观察被校表读数是否为 1 V，若不是，则检查电阻 R_{15}。

（3）将被校表分别调至直流 2.5 V、10 V、50 V、250 V、500 V、1000 V 等挡位，调节滑动变器使之分别输出 2.5 V、10 V、50 V、250 V、500 V、1000 V 等电压。此时，被校表与标准表的读数是否相同，不同则检查对应电阻 R____（2.5 V 挡）、R____（10 V 挡）、R____（50 V 挡）、R（250 V 挡）、R____（500 V 挡）、R____（1000 V 挡），填写表 2.2.13。

（4）将红表笔插到_____插孔，校验 2500 V 挡，若有问题则检查电阻_____。

表 2.2.13 记录表

被校万用表量限	2.5 V	10 V	50 V	250 V	500 V	1000 V	2500 V
标准表读数							
被校表读数							

若发现不正常，则请检查相关元器件，并记录分析、检查的过程和结果。

_____
_____
_____
_____

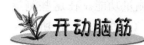

校验方案分析

（1）如图 2.2.10 所示，电路接好后电源电压应置_____，以防输出电压过高而烧毁标准表（或被校表）。

（2）在校验的操作过程中，手不能碰触电路中的任何金属部位，否则会造成_____
_____。

（3）可调电源最高只能达到 250 V，则 500 V、1000 V、2500 V 挡能校验吗？怎样校验？
_____

校验交流电压挡

（1）按图 2.2.10 所示连接好校验检测电路。

（2）将被校表调至 10 V 挡，调节自耦变压器使之输出 10 V 电压。此时，标准表读数是 10 V，观察被校表读数是否为 10 V，若不是则检查电阻 R_1。

（3）将被校表分别调至直流 50 V、250 V、500 V 等挡位，调节滑动变器使之分别输出 50 V、250 V、500 V 等电压。此时，观察被校表与标准表的读数是否相同，填写表 2.2.14，不同则检查对应电阻 R_2（50 V 挡）、R_{27}（250 V 挡）、R_{24}（500 V 挡）、R_{22}（1000 V 挡）。

表 2.2.14　记录表

被校万用表量限	10 V	50 V	250 V	500 V	1000 V	2500 V
标准表读数						
被校表读数						

若发现不正常，则请检查相关电阻，并记录分析、检查的过程和结果。

_____
_____
_____
_____

校验方案分析

（1）在万用表的各种测量功能中，要用到表内电源的是_____测量功能。在这些测量功能中，表头指针的偏转角度与表内电源所能提供的电压_____（有关/无关），所以在进行欧姆挡校验前应首先检查_____是否正常。

（2）欧姆表在测量前有三个校验点，分别是_____、_____和_____。

（3）第一个校验点的校验方法是_____
_____。

（4）第二个校验点的校验方法是_____
_____。

（5）第三个校验点的校验方法是_____
_____。

（6）假如电池正常、其他挡位也正常，仅 R×100 挡校验发现不正常，则可能出现故障的电阻是_____。

校验欧姆挡

（1）用电压表检查两只电池的电压是否正常。

（2）检查电池的正、负极性有没有装错，电池夹是否接触不紧。

（3）将转换开关分别转到 R×1、R×10、R×100、R×1k、R×10k 挡，短接红、黑表笔，调节欧姆调零旋钮，使指针都能指在左边的零刻度上；若不能指零则检查相应的电阻。

（4）中值电阻的检查。

① 调节电阻箱的阻值为 22 Ω，用被校表 R×1 挡测电阻箱阻值，此时所测电阻大小应为 22 Ω。

② 调节电阻箱的阻值分别为 220 Ω、2.2 kΩ、22 kΩ、220 kΩ，用被校表电阻 R×10、R×100、R×1k、R×10k 挡测电阻箱阻值，此时所测电阻大小应为 220 Ω、2.2 kΩ、22 kΩ、220 kΩ。将你所测的电阻值分别填入表 2.2.15 中。

表 2.2.15　记录表

电阻倍率	R×1	R×10	R×100	R×1k	R×10k
标准阻值	22 Ω	220 Ω	2.2 kΩ	22 kΩ	220 kΩ
测量阻值					

③ 若发现不正常，则请检查相关电阻，并记录分析、检查的过程和结果。

_____
_____
_____
_____

万用表的使用

万用表的结构型号是多种多样的，面板上的旋钮、开关布局也各有差异。因此，在使用万用表之前，必须仔细观察面板上各旋钮、各部件的位置、作用及测量的内容、量限、表盘刻度等。

（1）插孔（接线柱）的选择。

红色表笔插入标有"+"的插孔内，黑色表笔插入标有"-"的插孔内。

有的万用表有 2500 V 高压插孔，在测高压时，红色表笔应当插入此孔内。有的万用表测电阻的插孔与测电流、电压的插孔是分开的，因此，要根据具体的万用表熟悉面板，具体运用。

（2）种类选择（又称项目选择、内容选择）旋钮。

要根据测量的内容，将种类选择开关（旋钮）转到对应的位置上。例如，要测交流电压，应将种类旋钮旋到标有"$\underset{\sim}{V}$"的位置上。

有的万用表面板上有种类选择旋钮及量限选择旋钮，使用时，可先将种类旋钮旋至所需测量内容的相应挡位上，再将量限选择旋钮旋到对应的适当量限上。特别是种类选择，一定要细心，因稍有疏忽，就会损坏电表。例如，如果用测电流或测电阻的旋钮位置来测电压，这样稍大一点的电压就会烧坏万用表表头或其分流电阻等。因此，在使用完万用表后，一定要将种类选择旋钮旋到最高交流电压挡上（不论原来用的是哪一挡）。

（3）量限选择。

根据所要测量的大致范围，将量限选择旋钮旋至适当的量限上。测量电压、电流时最好使指针指在满刻度的三分之二以上；测电阻时，应尽量使指针指在中心刻度附近，这样引起的测量误差较小。

测量电流、电压时，如在测量前不知道被测量的大致大小，则应选择最大量限进行预测，然后再逐步调整到合适的量限。但千万要注意，在改变量限时，万用表的表笔必须离开电路（即不能带电旋转转换开关），否则会在开关的触点上产生火花，在测高压和大电流时，会烧坏转换开关。

（4）欧姆挡的正确使用。

① 每次测电阻之前必须进行"调零"（短接红、黑表笔看指针是否能指在"0"刻度上；如果不在"0"上，则调节"零欧姆调整器"，使其指示 0 Ω。如调不到，则要检查电池电量是否不足）。每换一次量限，都要"调零"一次，否则读数不准。

② 选择适当的倍率。可以先粗测，确定大致的大小后再进行准确测量，以保证指针尽量指示在中值电阻附近。

③ 切忌带电测量。在测电阻或用电阻挡检查电路时,应将电路与其他电源断开。如果待测电路有剩余的储存电量时,应先进行放电,然后才能测量。

④ 被测对象不能有并联支路,并且注意不要将两只手同时接触被测电阻的两端,以免给测量带来误差。

⑤ 用万用表的欧姆挡测电阻时,应尽量少用 R×1 挡,因为 R×1 挡的内阻小,电流大,消耗电池电能快。所以在使用 R×1 挡测电阻时应尽量缩短欧姆调零和测量的时间。

⑥ 不能用万用表直接去测电源的内阻或电流,以免造成电源短路,并烧坏万用表。

⑦ 测二极管的正、反向电阻及检测电解质电容器时,要注意万用表的黑表笔与表内干电池的正极相连,即黑表笔的电位高。测半导体元器件时,只能用 R×100 或 R×1k 挡测。因为 R×1 挡电流大,会烧坏半导体元器件;R×10k 挡电压太高,会使半导体击穿。

⑧ 测完电阻后,应将种类选择开关旋到交流电压的最高挡上。

(5) 用万用表的电流挡去测电流时,万用表一定要串联在被测电路中;用万用表的电压挡去测电压时,万用表一定要并联在被测电路上。

(6) 万用表测直流电流时,红表笔接电流的流入端,黑表笔接电流的流出端;测直流电压时红表笔接电路的高电位,黑表笔接电路的低电位。

二极管的测量

检测二极管

(1) 取一只二极管,根据其外表的标识,区分其正、负极。

(2) 将制作的欧姆表调到 R×1k 挡,进行零欧姆调整。

(3) 将欧姆表的红表笔搭至二极管的正极,黑表笔搭至二极管的负极,此时欧姆表的读数为_____Ω。

(4) 将欧姆表的黑表笔搭至二极管的正极,红表笔搭至二极管的负极,此时欧姆表的读数为_____Ω。

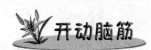

检测二极管时的注意事项

(1) 上面的检测中,第(3)步的二极管应处于_____(正向导通/反向截止)状态,而第(4)步的二极管应处于_____(正向导通/反向截止)状态。

（2）上面的检测结果说明，二极管具有_____性，正向导通时电阻值为_____，说明有电流流过；反向截止时电阻值为_____，说明无电流流过。

（3）二极管是电子电路中常用的半导体元器件，其性能也千差万别。有些二极管所能承受的电流很小，有的二极管其反向耐压很低，所以用欧姆表检测二极管时一般只能用 R×100 挡和 R×1k 挡。因为低倍率挡由于其工作电流_____（大/小）有可能损坏一些额定电流____（大/小）的二极管，高倍率挡（如制作的欧姆表中的 R×10k 挡）由于其电源电压_____（高/低）有可能损坏一些反向耐压_____（高/低）的二极管。

手脑并用

用 R×100 挡和 R×1k 挡测量二极管的正向电阻

（1）将制作的欧姆表调到 R×100 挡，进行零欧姆调整。
（2）用欧姆表的 R×100 挡对二极管的正向导通状态进行检测，此时欧姆表的读数为_____Ω。
（3）将制作的欧姆表调到 R×1k 挡，进行零欧姆调整。
（4）用欧姆表的 R×1k 挡对二极管的正向导通状态进行检测，此时欧姆表的读数为_____Ω。

开动脑筋

结果分析

（1）用 R×1k 挡所测量的正向导通状态时的电阻为_____，而用 R×100 挡所测量的正向导通状态时的电阻为_____，这两个数值相差_____（很大/不大）。

（2）根据前面所学习的戴维宁定理，欧姆表就是一个_____网络，它可以等效为一只_____和一只_____的_____联形式。根据前面的制作和分析，请你在下面的虚线框中根据戴维宁定理分别画出该欧姆表 R×1k 挡和 R×100 挡的等效电路。

R×1k 挡等效电路   R×100 挡等效电路

（3）所测量的二极管是硅管，其导通电压应在 0.7 V 左右，即二极管导通时，其正向电压维持在 0.7 V 左右。也就是说，上面的两个等效电路在测量二极管时，黑表笔与红表笔之间的电压维持在 0.7 V 左右。暂且假定就是 0.7 V，则左图中等效内电阻两端的电压为____V，右图中等效内电阻两端的电压为____V，所通过的电流又分别为____mA 和____mA，而该电表满偏时的工作电流（注意不是表头的满偏电流，而是等效表头的满偏电流）为____mA。可见，左图测量二极管时对应的工作电流为满偏时工作电流的____倍，右图测量二极管时对应的工作电流为满偏时工作电流的____倍。根据前面制作的对照表可知，前者的电阻读数应为____Ω，而后者电阻读数应为____Ω。这就是两个不同挡位测量同一二极管得到不同测量结果的原因。

巩固提高

  1．在制作过程中，你遇到过什么困难？是怎样解决的？
  2．若万用表内没有电池，能分别进行电压、电流和电阻的测量吗？为什么？
  3．怎样对万用表的欧姆挡进行零欧姆调整？在零欧姆调整时，低倍率挡和高倍率挡的操作有什么不同？一个挡零欧姆调整后切换至其他挡位要重新进行调整吗？
  4．什么样的欧姆挡位为合适的挡位？对于一只未知电阻来说，用万用表测量时应先用哪一个挡位来测试？再根据什么样的原则来进一步选取最为合适的挡位？

学习领域三　过流保护电路

学习目标

- 理解磁场的基本概念，会判断载流长直导体与螺线管导体周围磁场的方向，了解其在工程技术中的应用
- 了解磁通的物理概念，了解其在工程技术中的应用，掌握左手定则
- 了解磁场强度、磁感应强度和磁导率的基本概念和相互关系
- 了解磁路和磁通势的概念；了解主磁通和漏磁通的概念；了解磁阻的概念，了解影响磁阻的因素
- 了解磁化现象，能识读起始磁化曲线、磁滞回线、基本磁化曲线，了解常用磁性材料
- 了解消磁和充磁的原理和方法
- 了解磁滞、涡流损耗产生的原因及降低损耗的方法

工作任务

- 掌握磁场性能与相关物理量
- 掌握左手定则
- 认识铁磁性材料，学会简单的消磁和充磁方法

项目 1　感知磁场磁路

第 1 步　感知磁场

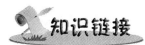
知识链接

1. 磁场

把一根磁铁放在另一根磁铁的附近，两根磁铁的磁极之间会产生相互作用的磁力，同名磁极互相推斥，异名磁极互相吸引。两个电荷之间的相互作用力，不是在电荷之间直接发生的，而是通过电场传递的。同样，磁极之间相互作用的磁力，也不是在磁极之间直接发生的，而是通过磁场传递的。磁极在自己周围的空间里产生磁场，磁场对处在它里面的磁极有磁场力的作用。

磁场跟电场一样，是一种物质，因而也具有力和能的性质。

2. 磁场的方向和磁感线

把小磁针放在磁场中的任一点，可以看到小磁针受磁场力的作用，静止时它的两极不再指向南北方向，而指向一个别的方向。在磁场中的不同点，小磁针静止时指的方向一般并不相同。这个事实说明，磁场是有方向性的。一般规定，在磁场中的任意一点，小磁针 N 极受力的方向，即小磁针静止时 N 极所指的方向，就是那一点的磁场方向。

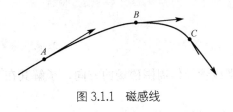

图 3.1.1 磁感线

在磁场中可以利用磁感线（曾称磁力线）来形象地表示各点的磁场方向。所谓磁感线，就是在磁场中画出的一些曲线，在这些曲线上，每个点的切线方向，都跟该点的磁场方向相同，如图 3.1.1 所示。

3. 电流的磁场

磁铁并不是磁场的唯一来源。1820 年，丹麦物理学家奥斯特做过下面的实验：把一条导线平行地放在磁针的上方，给导线通电，磁针就发生偏转，如图 3.1.2 所示。这说明不仅磁铁能产生磁场，电流也能产生磁场，电和磁是有密切联系的。

图 3.1.3 所示是直线电流的磁场。直线电流磁场的磁感线是一些以导线上各点为圆心的同心圆，这些同心圆都在与导线垂直的平面上。直线电流的方向跟它的磁感线方向之间的关系可以用安培定则（也叫做右手螺旋法则）来判定：用右手握住导线，让伸直的大拇指所指的方向跟电流方向一致，那么弯曲的四指所指的方向就是磁感线的环绕方向。

图 3.1.4 所示是环形电流的磁场。环形电流磁场的磁感线是一些围绕环形导线的闭合曲线。在环形导线的中心轴线上，磁感线和环形导线的平面垂直。环形电流的方向跟它的磁感线方向之间的关系，也可以用安培定则来判定：让右手弯曲的四指和环形电流的方向一致，那么伸直的大拇指所指的方向就是环形导线中心轴线上磁感线的方向。

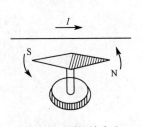

图 3.1.2 磁场地产生

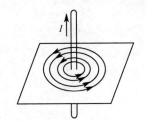

图 3.1.3 直线电流的磁场

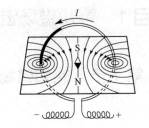

图 3.1.4 环形电流的磁场

图 3.1.5 所示是通电螺线管的磁场。螺线管通电以后表现出来的磁性，很像是一根条形磁铁，一端相当于 N 极，另一端相当于 S 极，改变电流方向，它的两极就对调。通电螺线管外部的磁感线和条形磁铁外部的磁感线相似，也是从 N 极出来，进入 S 极的。通电螺线管内部具有磁场，内部的磁感线跟螺线管的轴线平行，方向由 S 极指向 N 极，并和外部的磁感线连接，形成一些闭合曲线。通电螺线管的电流方向跟它的磁感线方向之间的关系，也可用安培定

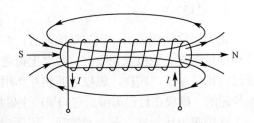

图 3.1.5 通电螺线管的磁场

则来判定：用右手握住螺线管，让弯曲的四指所指方向跟电流的方向一致，那么大拇指所指方向就是螺线管内部磁感线的方向，也就是说，大拇指指向通电螺线管的 N 极。

4．磁场的主要物理量

1）磁感应强度

磁场不仅有方向，而且有强弱的不同。巨大的电磁铁能吸起成吨的钢铁，小的磁铁只能吸起小铁钉。怎样来表示磁场的强弱呢？磁场的基本特性是对其中的电流有磁场力的作用，研究磁场的强弱，可以从分析通电导线在磁场中的受力情况着手，找出表示磁场的强弱的物理量。

如图 3.1.6 所示，把一段通电导线垂直地放入磁场中，实验表明：当导线长度 l 一定时，电流 I 越大，导线受到的磁场力 F 也越大；当电流一定时，导线长度 l 越长，导线受到的磁场力 F 也越大。精确的实验表明：通电导线受到的磁场力 F 与通过的电流 I 和导线的长度 l 成正比，或者说，F 与乘积 Il 成正比。这就是说，把通电导线垂直放入磁场中的某处，无论怎样改变电流 I 和导线长度 l，乘积 Il 增大多少倍，F 也相应增大多少倍，比值 F/Il 与乘积 Il 无关，是一个恒量。在磁场中不同的地方，这个比值可以是不同的值。这个比值越大的地方，表示一定长度的通电导线受到的磁场力越大，即那里的磁场越强。因此，可以用这个比值来表示磁场的强弱。

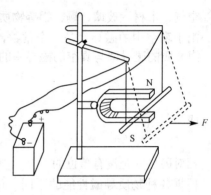

图 3.1.6 磁感应程度

在磁场中垂直于磁场方向的通电导线，所受的磁场力 F 与电流 I 和导线长度 l 的乘积 Il 的比值叫做通电导线所在处的磁感应强度：

$$B = \frac{F}{Il}$$

磁感应强度是一个矢量，它的大小如上式所示，它的方向就是该点的磁场方向。它的单位由 F、I 和 l 的单位决定，在国际单位制中，它的单位是 T（特）。

磁感应强度 B 可用专门的仪器来测量，如高斯计。用磁感线的疏密程度也可以形象地表示磁感应强度的大小。在磁感应强度大的地方磁感线密一些，在磁感应强度小的地方磁感线疏一些。

如果在磁场的某一区域里，磁感应强度的大小和方向都相同，这个区域就叫做匀强磁场。匀强磁场的磁感线，方向相同，疏密程度也一样，是一些分布均匀的平行直线。

2）磁通

设在匀强磁场中有一个与磁场方向垂直的平面，磁场的磁感应强度为 B，平面的面积为 S，定义磁感应强度 B 与面积 S 的乘积，叫做穿过这个面的磁通量（简称磁通）。如果用 Φ 表示磁通，那么

$$\Phi = BS$$

在国际单位制中，磁通的单位是 Wb（韦）。

引入了磁通这个概念，反过来也可以把磁感应强度看作通过单位面积的磁通，因此，磁感应强度也常叫做磁通密度，并且用 Wb/m^2（韦/米^2）做单位。

3）磁导率

磁场中各点磁感应强度的大小不仅与电流的大小和导体的形状有关，而且与磁场内媒介质的性质有关。这一点可通过下面的实验来验证。

先用一个插有铁棒的通电线圈去吸引铁钉，然后把通电线圈中的铁棒换成铜棒再去吸引铁钉，便会发现两种情况下吸力大小不同，前者比后者大得多。这表明不同的媒介质对磁场的影响是不同的，影响的程度与媒介质的导磁性质有关。

磁导率 μ 就是一个用来表示媒介质导磁性能的物理量，不同的媒介质有不同的磁导率，它的单位为 H/m（亨/米）。由实验可测定，真空中的磁导率是一个常数，用 μ_0 表示，即

$$\mu_0 = 4\pi \times 10^{-7} \text{ H/m}$$

空气、木材、玻璃、铜、铝等物质的磁导率与真空的磁导率非常接近。

由于真空中的磁导率是一个常数，所以，将其他媒介质的磁导率与它对比是很方便的。任意一媒介质的磁导率与真空的磁导率的比值叫做相对磁导率，用 μ_r 表示，即

$$\mu_r = \frac{\mu}{\mu_0}$$

或

$$\mu = \mu_0 \mu_r$$

相对磁导率是没有单位的。

根据各种物质导磁性能的不同，可把物质分为三种类型，即反磁性物质、顺磁性物质和铁磁性物质。

$\mu_r < 1$ 的物质叫做反磁性物质，也就是说，在这类物质中所产生的磁场要比真空中弱一些。$\mu_r > 1$ 的物质叫做顺磁性物质，也就是说，在这类物质中所产生的磁场要比真空中强一些。铁磁性物质的 μ_r 1，而且不是一个常数，在其他条件相同的情况下，这类物质中所产生的磁场要比真空中的磁场强几千甚至几万倍，因而在电工技术方面应用甚广。铁、钢、钴、镍及某些合金都属于这一类物质。

顺磁性物质和反磁性物质的相对磁导率都接近于 1，因而除铁磁性物质外，其他物质的相对磁导率都可认为等于 1，并称这些物质为非铁磁性物质。表 3.1.1 列出了几种常用的铁磁性物质的相对磁导率。

表 3.1.1 常用的铁磁性物质的相对磁导率

材 料	相对磁导率	材 料	相对磁导率
钴	174	已经退火的铁	7000
未经退火的铸铁	240	变压器钢片	7500
已经退火的铸铁	620	在真空中熔化的电解铁	12950
镍	1120	镍铁合金	60000
软钢	2180	"C"型玻莫合金	115000

4）磁场强度

既然磁场中各点磁感应强度的大小与媒介质的性质有关，这就使磁场的计算显得比较复杂。因此，为了使磁场的计算简单，常用磁场强度这个物理量来表示磁场的性质。

磁场中某点的磁感应强度 B 与媒介质磁导率 μ 的比值，叫做该点的磁场强度，即

$$H = \frac{B}{\mu}$$

或

$$B = \mu H = \mu_0 \mu_r H$$

磁场强度也是一个矢量，在均匀的媒介质中，它的方向和磁感应强度的方向一致。在国际单位制中，它的单位为 A/m（安/米）。

5．磁场对通电导线的作用力

把一小段通电导线垂直放入磁场中，根据通电导线受的力 F、导线中的电流 I 和导线长度 l 定义了磁感应强度 $B = \dfrac{F}{Il}$。把这个公式变形，就得到磁场对通电导线的作用力公式：

$$F = BIl$$

严格说来，这个公式只适用于一小段通电导线的情形，导线较长时，导线所在处各点的磁感应强度 B 一般并不相同，就不能应用这个公式。不过，如果磁场是匀强磁场，这个公式就适用于长的通电导线了。

开动脑筋

如果电流方向与磁场方向不垂直，通电导线受到的作用力又是怎样的呢？

知识链接

电流方向与磁场方向垂直时，通电导线受的力最大，其值由公式 $F = BIl$ 给出；电流方向与磁场方向平行时，通电导线不受力，即所受的力为零。知道了通电导线在这两种特殊情况下所受的力，不难求出通电导线在磁场中任意方向上所受的力。当电流方向与磁场方向间有一个夹角时，可以把磁感应强度 B 分解为两个分量：一个是跟电流方向平行的分量 $B_1 = B\cos\theta$，另一个是跟电流方向垂直的分量 $B_2 = B\sin\theta$，如图 3.1.7 所示。前者对通电导线没有作用力，通电导线受到的作用力完全是由后者决定的，即 $F = B_2 Il$，代入 $B_2 = B\sin\theta$，即得

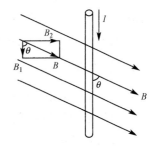

图 3.1.7　磁感应强度的分量

$$F = BIl\sin\theta$$

这就是电流方向与磁场方向成某一角度时作用力的公式。从这个公式可以看出 $\theta = \dfrac{\pi}{2}$ 时，力 F 最大；电流方向越偏离与磁场相垂直的方向，即 θ 越小，力 F 也越小；当 $\theta = 0$ 时，力 F 最小，等于零。

应用上述公式进行计算时，各量的单位，应采用国际单位制，即 F 用 N（牛），I 用 A（安），l 用 m（米），B 用 T（特）。

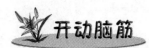

上述公式给出了磁场力的大小,磁场力的方向是怎样的呢?

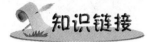

左手定则

根据实验可确定,磁场力的方向和磁场方向及电流方向均是垂直的,可用左手定则来判定:伸出左手,使大拇指跟其余四个手指垂直,并且都跟手掌在一个平面内,让磁感线垂直进入手心,并使四指指向电流方向,这时手掌所在的平面与磁感线和导线所在的平面垂直,大拇指所指的方向就是通电导线在磁场中受力的方向。

若电流方向与磁场方向不是垂直的,仍旧可以用左手定则来判定磁场力的方向,只是这时磁感线是倾斜进入手心的。

电流表工作原理

1. 结构

电流表的结构如图 3.1.8 所示。

在一个很强的蹄形磁铁的两极间有一个固定的圆柱形铁芯,铁芯外套有一个可以绕轴转动的铝框,铝框上绕有线圈,铝框的转轴上装有两个螺旋弹簧和一个指针,线圈两端分别接在这两个螺旋弹簧上,被测电流就是经过这两个弹簧流入线圈的。

2. 工作原理

如图 3.1.9 所示,蹄形磁铁和铁芯间的磁场均匀地辐向分布,这样,不论通电线圈转到什么方向,它的平面都跟磁感线平行。因此,线圈受到的偏转磁力矩 M_1 就不随偏角而改变了。通电线圈所受的磁力矩 M_1 的大小与电流 I 成正比,即

$$M_1 = k_1 I$$

式中,k_1 为比例系数。

线圈偏转使弹簧扭紧或扭松,于是弹簧产生一个阻碍线圈偏转的力矩 M_2,线圈偏转的角度越大,弹簧的力矩也越大,M_2 与偏转角 θ 成正比,即

$$M_2 = k_2 \theta$$

式中,k_2 为比例系数。

当 M_1、M_2 平衡时,线圈就停在某一偏角上,固定在转轴上的指针也转过同样的偏角,指到刻度盘的某一刻度。

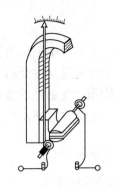
图 3.1.8 电流表的结构

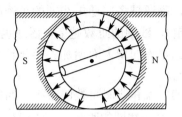
图 3.1.9 磁电式电表的磁场

比较上述两个力矩，因为 $M_1 = M_2$，所以 $k_1 I = k_2 \theta$，即

$$\theta = \frac{k_1}{k_2} I = kI$$

即测量时偏转角度 θ 与所测量的电流成正比。这就是电流表的工作原理。这种利用永久性磁铁来使通电线圈偏转达到测量目的的仪表称为磁电式仪表。

3．磁电式仪表的特点

（1）刻度均匀，灵敏度高，准确度高。
（2）负载能力差，价格较昂贵。
（3）给电流表串联一个阻值很大的分压电阻，就可改装成量程较大的电压表；并联一个阻值很小的分流电阻，就可改装成量程较大的电流表；欧姆表也是由电流表改装的。

第 2 步　感知磁路的物理量

1．磁路

在图 3.1.10 中，当线圈中通以电流后，大部分磁感线（磁通）沿铁芯、衔铁和工作气隙构成回路，这部分磁通叫做主磁通。还有一小部分磁通，它们没有经过工作气隙和衔铁，而经空气自成回路，这部分磁通叫做漏磁通。

磁通经过的闭合路径叫做磁路。磁路也像电路一样，分为有分支磁路（图 3.1.11）和无分支磁路（图 3.1.10）。在无分支磁路中，通过每一个横截面的磁通都相等。

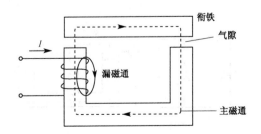
图 3.1.10 主磁通和漏磁通

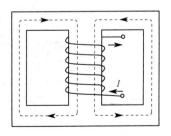
图 3.1.11 磁路

2. 磁动势

通电线圈要产生磁场，但磁场的强弱与什么因素有关呢？电流是产生磁场的原因，电流越大，磁场越强，磁通越多；通电线圈的每一匝都要产生磁通，这些磁通是彼此相加的（可用右手螺旋法则判定），线圈的匝数越多，磁通也就越多。因此，线圈所产生磁通的数目，随着线圈匝数和所通过的电流的增大而增加。换句话说，通电线圈产生的磁通与线圈匝数和所通过的电流的乘积成正比。

通过线圈的电流和线圈匝数的乘积，叫做磁动势（也称磁通势），用符号 E_m 表示，单位是 A（安）。如用 N 表示线圈的匝数，I 表示通过线圈的电流，则磁动势可写成

$$E_m = IN$$

3. 磁阻

电路中有电阻，电阻表示电流在电路中所受到的阻碍作用。与此类似，磁路中也有磁阻，表示磁通通过磁路时所受到的阻碍作用，用符号 R_m 表示。

与导体的电阻相似，磁路中磁阻的大小与磁路的长度 l 成正比，与磁路的横截面积 S 成反比，并与组成磁路的材料的性质有关，写成公式为

$$R_m = \frac{l}{\mu S}$$

式中，若磁导率 μ 以 H/m 为单位，则长度 l 和截面积 S 要分别以 m 和 m^2 为单位，这样磁阻 R_m 的单位就是 1/H。

4. 磁路的欧姆定律

由上述可知，通过磁路的磁通与磁动势成正比，而与磁阻成反比，其公式为

$$\Phi = \frac{E_m}{R_m}$$

上式与电路的欧姆定律相似，磁通对应于电流，磁动势对应于电动势，磁阻对应于电阻，故叫做磁路的欧姆定律。

从上面的分析可知，磁路中的某些物理量与电路中的某些物理量有对应关系，同时磁路中某些物理量之间与电路中某些物理量之间也有相似的关系。

图 3.1.12 是相对应的两种电路和磁路，表 3.1.2 列出了磁路与电路对应的物理量及其关系式。

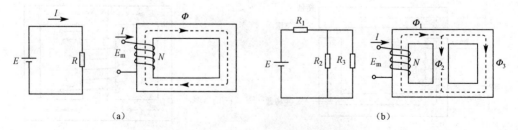

图 3.1.12　相对应的两种电路和磁路

表 3.1.2　磁路与电路对应的物理量及其关系式

电　路	磁　路
电流 I	磁通 Φ
电阻 $R = \rho \dfrac{l}{S}$	磁阻 $R_m = \dfrac{l}{\mu S}$
电阻率 ρ	磁导率 μ
电动势 E	磁动势 $E_m = IN$
电路欧姆定律 $I = \dfrac{E}{R}$	磁路欧姆定律 $\Phi = \dfrac{E_m}{R_m}$

第 3 步　感知铁磁性材料

1．磁化现象

（1）磁化。

本来不具备磁性的物质，由于受磁场的作用而具有磁性的现象称为该物质被磁化。只有铁磁性物质才能被磁化。

（2）被磁化的原因。

① 内因：铁磁性物质是由许多被称为磁畴的磁性小区域组成的，每一个磁畴相当于一个小磁铁。

② 外因：有外磁场的作用。

如图 3.1.13（a）所示，当无外磁场作用时，磁畴排列杂乱无章，磁性相互抵消，对外不显磁性；如图 3.1.13（b）所示，当有外磁场作用时，磁畴将沿着磁场方向作取向排列，形成附加磁场，使磁场显著加强。有些铁磁性物质在

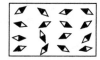

（a）无外磁场　　（b）有外磁场

图 3.1.13　磁化

撤去磁场后，磁畴的一部分或大部分仍然保持取向一致，对外仍显磁性，即成为永久磁铁。

（3）不同的铁磁性物质，磁化后的磁性不同。

（4）铁磁性物质被磁化的性能，被广泛应用于电子和电气设备中，如变压器、继电器、电机等。

2．磁化曲线

1）磁化曲线的定义

磁化曲线是用来描述铁磁性物质的磁化特性的。铁磁性物质的磁感应强度 B 随磁场强度 H 变化的曲线，称为磁化曲线，也叫 B-H 曲线。

2）磁化曲线的测定

图 3.1.14（a）是测量磁化曲线装置的示意图，图 3.1.14（b）是根据测量值做出的磁化曲线。由图 3.1.14（b）可以看出，B 与 H 的关系是非线性的，即 $\mu = \dfrac{B}{H}$ 不是常数。

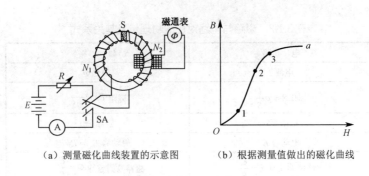

(a) 测量磁化曲线装置的示意图　　(b) 根据测量值做出的磁化曲线

图 3.1.14　磁化曲线的测定

3) 分析

（1）O～1 段：曲线上升缓慢，这是由于磁畴的惯性，当 H 从零开始增加时，B 增加缓慢，称为起始磁化段。

（2）1～2 段：随着 H 的增大，B 几乎直线上升，这是由于磁畴在外磁场作用下，大部分都趋向 H 方向，B 增加很快，曲线很陡，称为直线段。

（3）2～3 段：随着 H 的增加，B 的上升又缓慢了，这是由于大部分磁畴方向已转向 H 方向，随着 H 的增加只有少数磁畴继续转向，B 增加变慢。

（4）3 点以后：到达 3 点以后，磁畴几乎全部转到了外磁场方向，再增大 H 值，B 也几乎不再增加，曲线变得平坦，称为饱和段，此时的磁感应强度叫饱和磁感应强度。

不同的铁磁性物质，B 的饱和值不同，对同一种材料，B 的饱和值是一定的。

电机和变压器，通常工作在曲线的 2～3 段，即接近饱和的地方。

4) 磁化曲线的意义

在磁化曲线中，已知 H 值就可查出对应的 B 值。因此，在计算介质中的磁场问题时，磁化曲线是一个很重要的依据。

图 3.1.15 给出了几种不同铁磁性物质的磁化曲线，从曲线上可看出，在相同的磁场强度 H 下，硅钢片的 B 值最大，铸铁的 B 值最小，说明硅钢片的导磁性能比铸铁要好得多。

3. 磁滞回线

上面讨论的磁化曲线只反映了铁磁性物质在外磁场由零逐渐增强的磁化过程，而很多实际应用中，铁磁性物质是工作在交变磁场中的。所以，必须研究铁磁性物质反复交变磁化的问题。

1) 磁滞回线的分析

图 3.1.16 为通过实验测定的某种铁磁性物质的磁滞回线。

① 当 B 随 H 沿起始磁化曲线达到饱和值以后，逐渐减小 H 的数值，由图 3.1.16 可看出，B 并不沿起始磁化曲线减小，而是沿另一条在它上面的曲线 ab 下降。

② 当 H 减小到零时，B ≠ 0，而是保留一定的值，称为剩磁，用 B_r 表示。永久性磁铁就是利用剩磁很大的铁磁性物质制成的。

③ 为消除剩磁，必须加反向磁场，随着反向磁场的增强，铁磁性物质逐渐退磁，当反向磁场增大到一定值时，B 值变为 0，剩磁完全消失，如 bc 段。bc 段曲线叫退磁曲线，这时 H 值是为克服剩磁所加的磁场强度，称为矫顽磁力，用 H_c 表示。矫顽磁力的大小反映了铁磁性物质保存剩磁的能力。

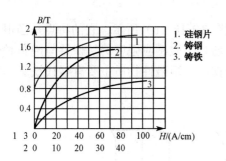

图 3.1.15　几种铁磁性物质的磁化曲线

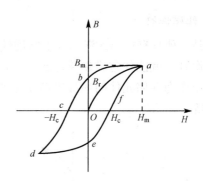

图 3.1.16　磁滞回线

④ 当反向磁场继续增大时，B 值从 0 起改变方向，沿曲线 cd 变化，并能达到反向饱和点 d。

⑤ 使反向磁场减弱到 0，B-H 曲线沿 de 变化，在 e 点 $H = 0$，再逐渐增大正向磁场，B-H 曲线沿 efa 变化，完成一个循环。

⑥ 从整个过程看，B 的变化总是落后于 H 的变化，这种现象称为磁滞现象。经过多次循环，可得到一个封闭的对称于原点的闭合曲线（$abcdefa$），称为磁滞回线。

⑦ 改变交变磁场强度 H 的幅值，可相应得到一系列大小不一的磁滞回线，如图 3.1.17 所示。连接各条对称的磁滞回线的顶点，得到一条磁化曲线，叫基本磁化曲线。

2）磁滞损耗

铁磁性物质在交变磁化时，磁畴要来回翻转，在这个过程中，产生了能量损耗，称为磁滞损耗。磁滞回线包围的面积越大，磁滞损耗就越大，所以剩磁和矫顽磁力越大的铁磁性物质，磁滞损耗就越大。因此，磁滞回线的形状常被用来判断铁磁性物质的性质和作为选择材料的依据。

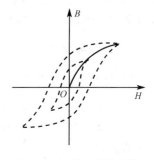

图 3.1.17　基本磁化曲线

4．常用磁性材料

铁磁性物质根据磁滞回线的形状可以分为软磁性物质、硬磁性物质和矩磁性物质三大类。

1）软磁性物质

软磁性物质的磁滞回线窄而陡，回线所包围的面积比较小，如图 3.1.18（a）所示。因在交变磁场中的磁滞损耗小，比较容易磁化，但撤去外磁场后，磁性基本消失，即剩磁和矫顽磁力都较小。

这种物质适用于需要反复磁化的场合，可以用来制造电机、变压器、仪表和电磁铁的铁芯。软磁性物质主要有硅钢、玻莫合金（铁镍合金）和软磁铁氧体等。

2）硬磁性物质

硬磁性物质的磁滞回线宽而平，回线所包围的面积比较大，如图 3.1.18（b）所示。因而在交变磁场中的磁滞损耗大，必须用较强的外加磁场才能使它磁化，但磁化以后撤去外磁场，仍能保留较大的剩磁，而且不易去磁，即矫顽磁力也较大。

这种物质适合于制成永久磁铁。硬磁性物质主要有钨钢、铬钢、钴钢和钡铁氧体等。

3) 矩磁性物质

这是一种具有矩形磁滞回线的铁磁性物质，如图 3.1.18（c）所示。它的特点是当很小的外磁场作用时，就能使它磁化并达到饱和，去掉外磁场时，磁感应强度仍然保持与饱和时一样。计算机中作为存储元件的环形磁芯就是使用的这种物质。矩磁性物质主要有锰镁铁氧体和锂锰铁氧体等。

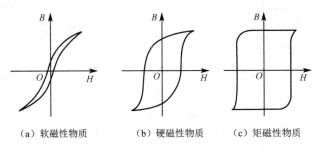

（a）软磁性物质　　（b）硬磁性物质　　（c）矩磁性物质

图 3.1.18　磁滞回线

此外，还有压磁性物质。它是一种磁致伸缩效应比较显著的铁磁性物质。在外磁场的作用下，磁体的长度会发生改变，这种现象就叫做磁致伸缩效应。如果外加交变磁场，则磁致伸缩效应会使这种物质产生振动。这种物质可用来制造超声波发生器和机械滤波器等。

5．消磁与充磁

1）消磁的原理与方法

（1）永久性消磁，比较难办，可以利用高温时分子极性排布混乱的特点。

（2）非永久性消磁，比较简单，一种是高温，另一种是用较强的磁场恰到好处地使原有的磁性消去。

（3）振荡消磁，在强烈的振荡下分子极性原有的规律性排布也会被打乱，从而消去磁性。

2）充磁的原理和方法

（1）接触充磁法。

充磁的磁源是一根磁性很强的永久磁铁，将它与被充磁铁的相反极性的两极分别接触，并连续摩擦几下，充磁就结束了。

这个方法的充磁效果较差，但作为临时充磁是很实用的。应特别注意的是，接触极性必须是异极性，否则将会使永久磁铁的磁性减弱。

（2）通电充磁法。

如果永久磁铁上还绕有线圈，如耳机之类的永久磁铁，可采用 6 V 干电池（如属高阻抗耳机，电压可适当提高），正极接入线圈的一端，然后用另一端碰触电池负极，如果永久磁铁的磁性增强，则再碰触几下即可；如磁性减弱，则要调换极性再充。

（3）加绕线圈充磁法。

体积较大的长柱形永久磁铁失磁后，可用漆包线在永久磁铁上绕 200 圈左右，然后将该线圈的一端接上 6 V 电池负极，线圈的另一头与电池的正极碰触几下，永久磁铁就能达到充磁的目的，但必须先测试永久磁铁的磁场方向是否与线圈所产生的磁场方向相一致。

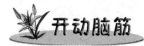

如果仔细观察发电机、电动机和变压器，就可以看到，它们的铁芯都不是整块金属，而是由许多薄的硅钢片叠压而成的。这是为什么呢？

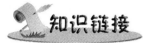

涡流和涡流损耗

把块状金属放在交变磁场中，金属块内将产生感应电流。这种电流在金属块内自成闭合回路，很像水的漩涡，因此叫做涡电流，简称涡流。由于整块金属电阻很小，所以，涡流很大，这就不可避免地会使铁芯发热，温度升高，引起材料绝缘性能下降，甚至破坏绝缘造成事故。铁芯发热，还使一部分电能转换成热能白白浪费，这种电能损失叫做涡流损失。

在电机、电气设备的铁芯中，要想完全消灭涡流是不可能的，但可以采取有效措施尽可能地减小涡流。为了减少涡流损失，电机和变压器的铁芯通常用涂有绝缘漆的薄硅钢片叠压制成。这样涡流就被限制在狭窄的薄片之内，回路的电阻很大，涡流大为减弱，从而使涡流损失大大降低。

铁芯采用硅钢片，是因为这种钢比普通钢的电阻率大，可以进一步减少涡流损失。硅钢片的涡流损失只有普通钢片的 1/5～1/4。

事物总是一分为二的，涡流在很多情况下是有害的，但在一些特殊的场合，它也可以被利用。例如，感应加热技术已经被广泛用于有色金属和特种合金的冶炼。利用涡流加热的电炉叫做高频感应炉，它的主要结构是一个与大功率的高频交流电源相接的线圈，被加热的金属就放在线圈中间的坩埚内，当线圈中通以强大的高频电流时，它产生的交变磁场能使坩埚内的金属中产生强大的涡流，发出大量的热，使金属熔化。

1. 判断题

（1）磁体上的两个极，一个叫做 N 极，另一个叫做 S 极，若把磁体截成两段，则一段为 N 极，另一段为 S 极。（   ）
（2）通电导体周围的磁感应强度只取决于电流的大小及导体的形状，而与媒介质的性质无关。（   ）
（3）在均匀磁介质中，磁场强度的大小与媒介质的性质无关。（   ）
（4）通电导线在磁场中某处受到的力为零，则该处的磁感应强度一定为零。（   ）
（5）两根靠得很近的平行直导线，若通以相同方向的电流，则它们互相吸引。（   ）
（6）铁磁性物质的磁导率是一常数。（   ）

(7) 铁磁性物质在反复交变磁化过程中，H 的变化总是滞后于 B 的变化，叫做磁滞现象。
（   ）

2. 选择题

(1) 判定通电导线或通电线圈产生磁场的方向用（   ）。
　　A. 右手定则　　B. 右手螺旋法则　　C. 左手定则　　D. 楞次定律

(2) 下列说法中正确的是（   ）。
　　A. 通电导线受安培力大的地方磁感应强度一定大
　　B. 磁感线的指向就是磁感应强度减小的方向
　　C. 放在匀强磁场中各处的通电导线，受力大小和方向处处相同
　　D. 磁感应强度的大小和方向跟放在磁场中的通电导线受力的大小和方向无关

(3) 下列与磁导率无关的物理量是（   ）。
　　A. 磁感应强度　　B. 磁通　　C. 磁场强度　　D. 磁阻

(4) 铁、钴、镍及其合金的相对磁导率是（   ）。
　　A. 略小于 1　　B. 略大于 1　　C. 等于 1　　D. 远大于 1

(5) 如图 3.1.19 所示，直线电流与通电矩形线圈同在纸面内，线框所受磁场力的方向为（   ）。
　　A. 垂直向上　　B. 垂直向下　　C. 水平向左　　D. 水平向右

(6) 在匀强磁场中，原来载流导线所受的磁场力为 F，若电流增加到原来的两倍，而导线的长度减少一半，这时载流导线所受的磁场力为（   ）。
　　A. F　　B. $F/2$　　C. $2F$　　D. $4F$

(7) 如图 3.1.20 所示，处在磁场中的载流导线，受到的磁场力的方向应为（   ）。
　　A. 垂直向上　　B. 垂直向下　　C. 水平向左　　D. 水平向右

(8) 磁场中某区域的磁感线如图 3.1.21 所示，则（   ）。
　　A. a、b 两处磁感应强度大小不等，$B_a < B_b$
　　B. a、b 两处磁感应强度大小不等，$B_a > B_b$
　　C. 同一小段通电导线放在 a 处时受力一定比 b 处时大
　　D. 同一小段通电导线放在 a 处时受力可能比 b 处时小

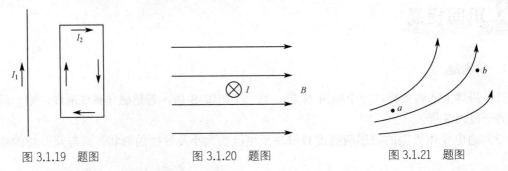

图 3.1.19 题图　　　　图 3.1.20 题图　　　　图 3.1.21 题图

(9) 为减小剩磁，电磁线圈的铁芯应采用（   ）。
　　A. 硬磁性材料　　B. 非磁性材料　　C. 软磁性材料　　D. 矩磁性材料

(10) 铁磁性物质的磁滞损耗与磁滞回线面积的关系是（   ）。
　　A. 磁滞回线包围的面积越大，磁滞损耗也越大

B．磁滞回线包围的面积越小，磁滞损耗越大

C．磁滞回线包围的面积大小与磁滞损耗无关

D．以上答案均不正确

（11）关于磁感强度 B，下列说法中正确的是（　　）。

A．磁场中某点 B 的大小，跟放在该点的试探电流元的情况有关

B．磁场中某点 B 的方向，跟放在该点的试探电流元所受磁场力方向一致

C．在磁场中某点的试探电流元不受磁场力作用时，该点 B 值大小为零

D．在磁场中磁感线越密集的地方，磁感强度越大

（12）把一根水平放置的导线沿东西方向垂直放在小磁针的上方，当给导线通以由东向西的电流时，磁针将（　　）。

A．偏转 90° 　　B．偏转 180° 　　C．偏转 360° 　　D．不发生偏转

3．填空题

（1）磁场与电场一样，是一种_____，具有_____和_____的性质。

（2）磁感线的方向：在磁体外部由_____指向_____，在磁体内部由_____指向_____。

（3）如果在磁场中每一点的磁感应强度大小_____，方向_____，这种磁场叫做匀强磁场。在匀强磁场中，磁感线是一组_____。

（4）描述磁场的四个主要物理量是_____、_____、_____和_____；它们的符号分别是_____、_____、_____和_____；它们的国际单位分别是_____、_____、_____和_____。

（5）在图 3.1.22 中，当电流通过导线时，导线下面的磁针 N 极转向读者，则导线中的电流方向为_____。

（6）在图 3.1.23 中，电源左端应为_____极，右端应为_____极。

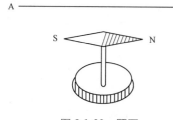

图 3.1.22　题图

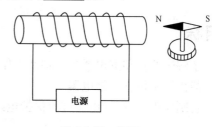

图 3.1.23　题图

（7）磁场间相互作用的规律是同名磁极相互_____，异名磁极相互_____。

（8）载流导线与磁场平行时，导线所受磁场力为_____；载流导线与磁场垂直时，导线所受磁场力为_____。

（9）铁磁性物质在磁化过程中，_____和_____的关系曲线叫做磁化曲线。当反复改变励磁电流的大小和方向时，所得闭合的 B 与 H 的关系曲线叫做_____。

（10）所谓磁滞现象，就是_____的变化总是落后于_____的变化；而当 H 为零时，B 却不等于零，叫做_____现象。

4．计算题

（1）在图 3.1.24 所示的匀强磁场中，穿过磁极极面的磁通 $\Phi = 3.84 \times 10^{-2}$ Wb，磁极边长分别是 4 cm 和 8 cm，求磁极间的磁感应强度。

（2）在上题中，若已知磁感应强度 $B = 0.8$ T，铁芯的横截面积是 20 cm²，求通过铁芯截面中的磁通。

（3）在匀强磁场中，垂直放置一横截面积为 12 cm² 的铁芯，设其中的磁通为 4.5×10^{-3} Wb，铁芯的相对磁导率为 5000H/m，求磁场的磁场强度。

（4）把 30 cm 长的通电直导线放入匀强磁场中，导线中的电流是 2 A，磁场的磁感应强度是 1.2 T，求电流方向与磁场方向垂直时导线所受的磁场力。

（5）在磁感应强度是 0.4 T 的匀强磁场里，有一根和磁场方向相交成 60° 角、长 8 cm 的通电直导线 ab，如图 3.1.25 所示。磁场对通电导线的作用力是 0.1 N，方向和纸面垂直并指向读者，求导线中电流的大小和方向。

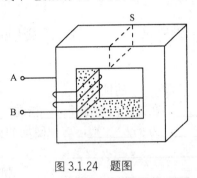

图 3.1.24　题图

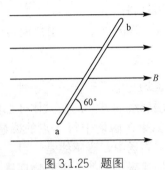

图 3.1.25　题图

（6）有一空心环形螺旋线圈，平均周长为 30 cm，截面的直径为 6 cm，匝数为 1000 匝。若线圈中通入 5 A 的电流，求这时管内的磁通。

项目 2　过流保护电路的制作

学习目标

  ◇　了解干簧管和继电器的结构及工作原理
  ◇　能检测干簧管和继电器
  ◇　会制作干簧管-继电器过流保护电路

工作任务

  ◇　分析测试干簧管
  ◇　检测电磁式继电器
  ◇　设计制作简单的继电器电路

第 1 步　继电器和干簧管的分析测试

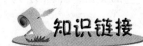 知识链接

1. 继电器的种类

继电器的种类较多，主要有电磁式继电器、舌簧式继电器、启动继电器、限时继电器、直

流继电器、交流继电器等。但在电子电路中，用得最广泛的就是电磁式继电器。下面以电磁式继电器为例说明继电器的结构和工作原理。

电磁式继电器是各种继电器的基础，它主要由铁芯、线圈、动触片、静触片、衔铁、返回弹簧等几部分组成，其结构如图 3.2.1 所示。

2．电磁式继电器的工作原理

在线圈两端加上一定的电压，线圈中就会流过一定的电流，由于电磁效应，线圈产生磁场并磁化其中的铁芯，衔铁就会在电磁吸引力的作用下克服弹簧的拉力吸合向铁芯，从而带动与衔铁相连的动触片动作，使原来断开的触点（常开触点）闭合，原来闭合的触点（常闭触点）打开。当线圈断电后，电磁的吸力也随之消失，衔铁就会在弹簧的反作用力作用下返回原来的位置，动触片复位，使通电闭合的触点（常开触点）断开，通电断开的触点（常闭触点）闭合。

对于继电器的"常开、常闭"触点，可以这样来区分：继电器线圈未通电时处于断开状态的触点，称为"常开触点"；线圈未通电时处于接通状态的触点称为"常闭触点"。

电磁式继电器的分析测试

1．器材准备

（1）电磁式继电器。
（2）电流表。
（3）电源。
（4）可变电阻器。
（5）开关。
（6）导线。

2．实验步骤

（1）给定的继电器有 5 个接线端子，用不干胶给 5 个端子做上临时标签"1"、"2"、"3"、"4"、"5"。

（2）对照图 3.2.2 连接检测电路（连接电路时 S 要打开，R 置最大）。

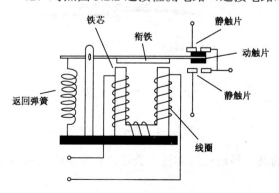

图 3.2.1　电磁式继电器结构示意图

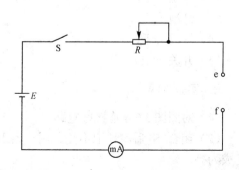

图 3.2.2　电磁式继电器的分析测试

（3）调节 R 为适当值（由老师确定），将继电器的 5 个端子两两接入图 3.2.2 中的 e、f 端口，分别闭合 S，读出毫安表的读数并填入表 3.2.1 中。

表 3.2.1 记录表

I_{12}	I_{13}	I_{14}	I_{15}	I_{23}	I_{24}	I_{25}	I_{34}	I_{35}	I_{45}

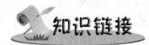

知识链接

1. 干簧管的结构

干簧管的结构：干簧管全称"干式舌簧开关管"，两片导磁又导电的材料做成的簧片平行地封入充有某种惰性气体的玻璃管中，这就构成了干簧管。两簧片一端重叠并有一定的空隙，便于形成接点。

干簧管的接点形式有两种：一种是常开接点型，有两只引脚，触点为常开类型，如图 3.2.3（a）所示；另一种是转换接点型，有三只引脚，一组常开触点、一组常闭触点，如图 3.2.3（b）所示。

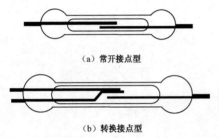

（a）常开接点型

（b）转换接点型

图 3.2.3 干簧管的结构

2. 干簧管的工作原理

干簧管的工作原理：当永久磁铁靠近干簧管或者给绕在干簧管上的线圈通电，形成的磁场使簧片磁化时，重叠部分感应出极性相反的磁极，异名的磁极相互吸引，当吸引的磁力超过簧片的弹力时，接点就会吸合；当外磁场消失后磁力减小到一定值时，两个簧片由本身的弹性而分开，线路就断开。

手脑并用

干簧管的分析测试

1. 器材准备

（1）常开型干簧管一个。
（2）电源一个。
（3）灯泡一只。
（4）导线若干。
（5）开关一个。

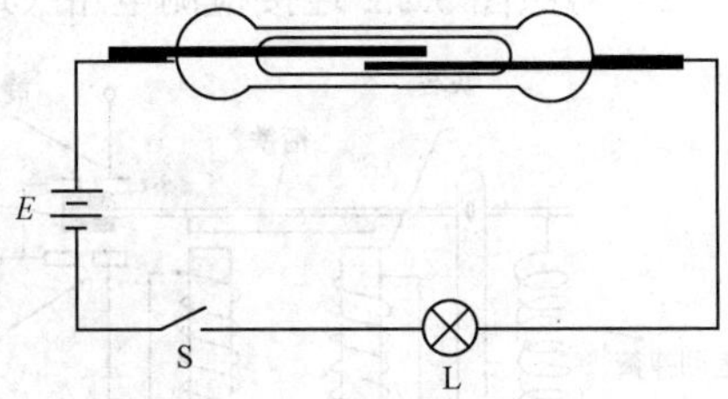

2. 实验步骤

（1）对照图 3.2.4 连接好电路。
（2）闭合 S 后，灯泡不亮。用一条形磁铁的某一磁极逐渐靠近干簧管，会发现灯泡由不亮变成为亮。
（3）再将条形磁铁逐渐远离干簧管后，发现灯泡又由亮变成不亮。

图 3.2.4 常开型干簧管电路图

（4）仔细观察条形磁铁逐渐靠近再逐渐远离干簧管，干簧管内两极片的变化现象。

（5）将磁铁的两磁极对调后，再逐渐靠近和远离干簧管，观察干簧管两极片的变化现象。

第2步 过流保护电路的制作

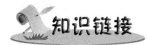

过流保护电路的工作原理

如图 3.2.5 所示为一简单的过流保护电路。图中 KR1 为电磁式继电器，KR2 为干簧管。

当电路中的滑动变阻器 R_L 的阻值太小时，电路就会出现过流现象，所以在连接电路时，为了保证在需要时过流，滑动变阻器的滑片应置最右端。

当电路过流时，首先动作的是 KR2，其常开触点闭合，以致线圈 KR1 得电，其对应的常闭触点断开，以达到过流保护的目的。

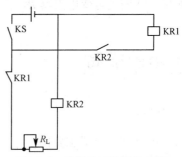

图3.2.5 简单的过流保护电路

制作过流保护电路

1. 器材准备

（1）继电器。

（2）漆包线。

（3）电流表。

（4）可变电阻器。

（5）电源。

（6）开关。

（7）导线。

2. 操作步骤

（1）制作干簧管线圈。

① 取适量的漆包线，以干簧管的玻璃外壳为骨架，绕制一只线圈。

② 将该线圈按图 3.2.6 所示连接在电路中。

③ 调节可变电阻器，使电流表的读数为 500 mA，同时注意干簧管的动作。

④ 若在电流达到 500 mA 前干簧管中的簧片动作，则减少线圈的匝数后重试。

⑤ 若在电流达到 500 mA 后干簧管中的簧片不动作，则增加线圈的匝数后重试。

⑥ 直至电流为 500 mA 时干簧管中的簧片正好动作。

（2）按照图 3.2.6 连接好电路。

（3）逐渐调小可变电阻器 R，观察现象，并记录。

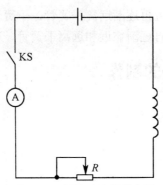

图3.2.6 制作过流保护电路

如果逐渐调大可变电阻器 R，会出现什么现象？

1. 填空题

（1）电磁式继电器主要由_____、_____、_____、_____、衔铁和返回弹簧等组成。

（2）根据干簧管接点形式的不同，干簧管分为_____和_____。

（3）当常开型干簧管不在磁场中时，两极片是分离的；而在磁场中，两极片就会相碰。这种现象说明干簧管的两极片是_____质的，在磁场中因被_____产生异极性磁极而相互_____。

2. 简答题

（1）简述继电器的结构和工作原理。

（2）运用所学知识制作一个简易电磁铁，试写出方法和步骤。

学习领域四　交流电路基本参数

领域简介

在日常生产和生活中所用的交流电，一般都是指正弦交流电。因为交流电能够方便地用变压器改变电压，用高压输电，可将电能输送很远，而且损耗小；交流电机比直流电机构造简单，造价便宜，运行可靠。所以，现在发电厂所发的都是交流电，工农业生产和日常生活中广泛应用的也是交流电。本领域主要介绍交流电的基本特性、表示方法及单个参数的正弦交流电路的特点。

项目1　初识交流电路

学习目标

- 理解正弦交流电的三要素
- 理解有效值、最大值和平均值的概念，掌握它们之间的关系
- 理解频率、角频率和周期的概念，掌握它们之间的关系
- 理解相位、初相和相位差的概念，掌握它们之间的关系
- 会使用信号发生器、毫伏表和示波器，会用示波器观察信号波形，会测量正弦电压的频率和峰值
- 理解正弦量解析式、波形图的表现形式及其对应关系
- 理解正弦量的旋转矢量表示法，了解正弦量解析式、波形图、矢量图的相互转换

工作任务

- 测试正弦交流电的基本物理量
- 认识交流信号的表示方法

第1步　认识正弦交流电路的基本物理量

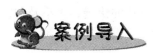

人们最熟悉和最常用的家用电器采用的都是交流电，如电视、计算机、照明灯、冰箱、空调等。即便是像收音机、复读机等采用直流电源的家用电器也是通过稳压电源将交流电转变为

直流电后使用的。这些家用电器的电路模型在交流电路中的规律与直流电路中的规律是不一样的，因此分析交流电路的特征及相应电路模型的交流响应是重要任务。

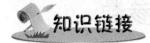

1．交流电路概述

在生产和生活中使用的电能，几乎都是交流电能，即使是电解、电镀、电信等行业需要直流供电，大多数也是将交流电能通过整流装置变成直流电能。交流电指的是大小和方向均随时间做周期性变化的电流或电压，它可分为周期性交流电和非周期性交流电。周期性交流电又可分为正弦交流电和非正弦交流电。N 匝矩形线圈在匀强磁场中以匀角速度 ω 旋转，由于电磁感应现象而在线圈中产生的感应电动势为 $e = E_m \sin(\omega t + \varphi_0)$，如果电路闭合，则电路中的感应电流 $i = I_m \sin(\omega t + \varphi_i)$，同理电路中的感应电压 $u = U_m \sin(\omega t + \varphi_u)$。因此感应电动势、感应电压和感应电流都是按正弦规律变化的。

交流电与直流电的区别在于：直流电的方向、大小不随时间变化；而交流电的方向、大小都随时间做周期性的变化，并且在一周期内的平均值为零。如图 4.1.1 所示为直流电和交流电的电波波形。

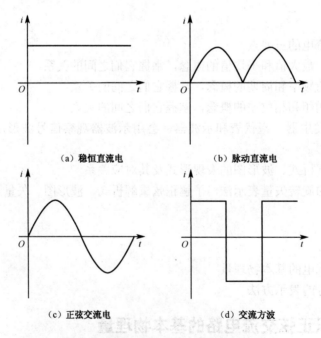

图 4.1.1　直流电和交流电的电波波形图

正弦电压和电流等物理量，常统称为正弦量。正弦量的特征表现在变化的快慢、大小及初始值三个方面，而它们分别由频率（或周期）、幅值（或有效值）和初相位来确定。所以频率、幅值和初相位就称为正弦量的三要素。

2. 正弦交流电的基本特征和三要素

下面以电流为例介绍正弦量的基本特征。依据正弦量的概念，设某支路中正弦电流 i 在选定参考方向下的瞬时值表达式为

$$i = I_m \sin(\omega t + \varphi) \tag{4.1.1}$$

正弦交流电的波形如图 4.1.2 所示。

1) 瞬时值、最大值和有效值

正弦交流电随时间按正弦规律变化，某时刻的数值不一定和其他时刻的数值相同。把任意时刻正弦交流电的数值称为瞬时值，用小写字母表示，如 i、u 及 e 分别表示电流、电压及电动势的瞬时值。瞬时值有正、有负，也可能为零。

最大的瞬时值称为最大值（也叫幅值、峰值），用带下标的小写字母表示，如 I_m、U_m 及 E_m 分别表示电流、电压及电动势的最大值。最大值虽然有正有负，但习惯上最大值都以绝对值表示。

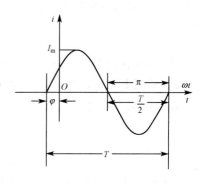

图 4.1.2　正弦电流波形图

正弦电流、电压和电动势的大小往往不是用它们的幅值来计量，而是常用有效值来计量的。某一个周期电流 i 通过电阻 R 在一个周期 T 内产生的热量，和另一个直流电流通过同样大小的电阻在相等的时间内产生的热量相等，那么这个周期性变化的电流 i 的有效值在数值上就等于这个直流电流 I。规定有效值都用大写字母表示，和表示直流的字母一样。

通过计算，正弦交流电的有效值和最大值之间有如下的关系：

$$I = \frac{I_m}{\sqrt{2}} \tag{4.1.2}$$

$$U = \frac{U_m}{\sqrt{2}} \tag{4.1.3}$$

$$E = \frac{E_m}{\sqrt{2}} \tag{4.1.4}$$

一般所讲的正弦电压或电流的大小，如交流电压 380 V 或者 220 V，都是指它的有效值。一般交流电流表和电压表的刻度也是根据有效值来定的。

【例题 1】　已知某交流电压为 $u = 220\sqrt{2} \sin \omega t$ V，这个交流电压的最大值和有效值分别为多少？

解：最大值　　　　　$U_m = 220\sqrt{2}$ V $= 311.1$ V

　　有效值　　　　　$U = \frac{U_m}{\sqrt{2}} = \frac{220\sqrt{2}}{\sqrt{2}}$ V $= 220$ V

2) 频率与周期

正弦量变化一次所需的时间（s）称为周期 T，如图 4.1.2 所示。每秒内变化的次数称为频率 f，它的单位是赫兹（Hz）。

频率是周期的倒数，即

$$f = \frac{1}{T} \tag{4.1.5}$$

在我国和大多数国家都采用 50 Hz 作为电力标准频率，有些国家（如美国、日本等）采用

60 Hz。这种频率在工业上应用广泛，习惯上称为工频。通常的交流电动机和照明负载都用这种频率。

正弦量变化的快慢除用周期和频率表示外，还可用角频率ω来表示，它的单位是弧度/秒（rad/s）。角频率是指交流电在 1 秒内变化的电角度。如果交流电在 1 秒钟内变化了 1 次，则电角度正好变化了 2π rad，也就是说该交流电的角频率$\omega = 2\pi$ rad/s。若交流电 1s 内变化了 f 次，则可得角频率与频率的关系为：

$$\omega = 2\pi f = \frac{2\pi}{T} \tag{4.1.6}$$

式 4.1.6 表示 T、f、ω 三个物理量之间的关系，只要知道其中之一，则其余均可求出。

【例题 2】 求出我国工频 50 Hz 交流电的周期 T 和角频率 ω。

解：由式（4.1.5）可得

$$T = \frac{1}{f} = \frac{1}{50}\text{s} = 0.02\text{s}$$

$$\omega = 2\pi f = 2\pi \times 50 \text{rad/s} = 314 \text{rad/s}$$

【例题 3】 已知某正弦交流电压为 $u = 311\sin 314t\text{V}$，求该电压的最大值、频率、角频率和周期。

解：由公式 4.1.1 与 $u = 311\sin 314t\text{V}$ 对比可知：

$$U_m = 311\text{V}$$

$$\omega = 314\text{rad/s}$$

$$f = \frac{\omega}{2\pi} = \frac{314}{2 \times 3.14}\text{Hz} = 50\text{Hz}$$

$$T = \frac{1}{f} = \frac{1}{50}\text{s} = 0.02\text{ s}$$

3）初相

式（4.1.1）中的 $(\omega t + \varphi)$ 称为正弦量的相位角或相位，它反映了正弦量变化的进程。当相位角随时间连续变化时，正弦量的瞬时值随之连续变化。

$t = 0$ 时的相位角称为初相位角或初相位。式（4.1.1）中的φ就是这个电流的初相。规定初相的绝对值不能超过π。

在一个正弦交流电路中，电压 u 和电流 i 的频率是相同的，但初相不一定相同，如图 4.1.3 所示。图中 u 和 i 的波形可用下式表示：

$$u = U_m \sin(\omega t + \varphi_u)$$
$$i = I_m \sin(\omega t + \varphi_i)$$

它们的初相位分别为 φ_u 和 φ_i。

两个同频率正弦量的相位角之差或初相位角之差，称为相位差，用$\Delta\varphi$表示。图 4.1.3 中电压 u 和电流 i 的相位差为

$$\Delta\varphi = (\omega t + \varphi_u) - (\omega t + \varphi_i) = \varphi_u - \varphi_i \tag{4.1.7}$$

当两个同频率正弦量的计时起点改变时，它们的相位和初相位跟着改变，但是两者之间的相位差仍保持不变。

由图 4.1.3 的正弦波形可见，因为 u 和 i 的初相位不同，所以它们的变化步调是不一致的，即不是同时到达正的幅值或零值。图中，$\varphi_u > \varphi_i$，所以 u 较 i 先到达正的幅值。这时可以说，在相位上 u 比 i 超前φ角，或者说 i 比 u 滞后φ角。

初相相等的两个正弦量，它们的相位差为零，这样的两个正弦量叫做同相。同相的两个正弦量同时到达零值，同时到达最大值，步调一致，如图 4.1.4 所示的 i_1 和 i_2。

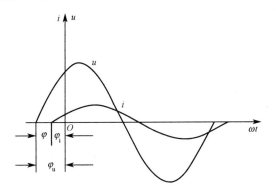

图 4.1.3　u 和 i 的相位不相等

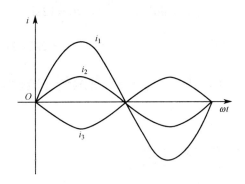

图 4.1.4　正弦量的同相与反相

相位差 $\Delta\varphi$ 为 180° 的两个正弦量叫做反相，如图 4.1.4 所示的 i_1 和 i_3。

由式（4.1.1）及波形图可以看出，正弦量的最大值（有效值）反映正弦量的大小，角频率（频率、周期）反映正弦量变化的快慢，初相角反映分析正弦量的初始位置。因此，当正弦交流电的最大值（有效值）、角频率（频率、周期）和初相角确定时，正弦交流电才能被确定。也就是说这三个量是正弦交流电必不可少的要素，所以称其为正弦交流电的三要素。

【例题 4】　已知某正弦电压在 $t = 0$ 时为 $110\sqrt{2}$ V，初相角为 30°，求其有效值。

解：此正弦电压表达式为

$$u = U_m \sin(\omega t + 30°)$$

当 $t = 0$ 时，　　　　　　　　　　$u(0) = U_m \sin 30°$

所以

$$U_m = \frac{u(0)}{\sin 30°} = \frac{110\sqrt{2}}{0.5} \text{V} = 220\sqrt{2}\text{V}$$

其有效值为

$$U = \frac{U_m}{\sqrt{2}} = \frac{220\sqrt{2}}{\sqrt{2}}\text{V} = 220\text{V}$$

1. 什么是交流电的周期、频率和角频率？它们之间有什么关系？
2. 什么是交流电的最大值和有效值？它们之间有什么关系？
3. 已知照明电路中的电压有效值为 220 V，电源频率为 50 Hz，问该电压的最大值是多少？电源的周期和角频率是多少？
4. 让 10 A 的直流电流和最大值为 12 A 的正弦交变电流分别通过阻值相同的电阻，在一个周期内哪个电阻的发热最大？
5. 用电流表测量一最大值为 100 mA 的正弦电流，其电流的读数一定为 100 mA 吗？为什么？
6. 写出下列各组交流电压的相位差，并指出哪个超前，哪个滞后。

（1）$u_1 = 380\sqrt{2}\sin 314t$，$u_2 = 380\sqrt{2}\sin\left(314t - \dfrac{2}{3}\pi\right)$

(2) $u_1 = 220\sin\left(100\pi t - \dfrac{2}{3}\pi\right)$, $u_2 = 100\sin\left(100\pi t + \dfrac{2}{3}\pi\right)$

(3) $u_1 = 12\sin\left(10t + \dfrac{\pi}{2}\right)$, $u_2 = 12\sin\left(10t - \dfrac{\pi}{3}\right)$

(4) $u_1 = 220\sqrt{2}\sin 100\pi t$, $u_2 = 220\sqrt{2}\cos 100\pi t$

第2步 认识交流信号的表示方法

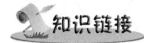

1. 解析式表示法

用正弦函数来表示正弦交流电的电动势、电压和电流的瞬时值就叫交流电的解析式表示法，即：$e = E_m \sin(\omega t + \varphi_e)$。其中 e 叫做电动势的瞬时值，E_m 叫做电动势的最大值；φ_e 叫做正弦交流电的初相，ω 叫做正弦交流电的角频率。有效值（或最大值）、频率（或周期、角频率）、初相是表征正弦交流电的三个重要物理量。知道了这三个量就可以写出交流电瞬时值的表达式，从而知道正弦交流电的变化规律，因此把这三个量称为正弦交流电的三要素。同理 $u = U_m \sin(\omega t + \varphi_u)$，$i = I_m \sin(\omega t + \varphi_i)$。

2. 波形图表示法

用与正弦交流电的解析式相对应的正弦曲线来表示该正弦量的方法称为波形图表示法。用波形图来表示正弦交流电时，其横坐标可以表示时间 t 或角度 ωt，如图4.1.5所示。

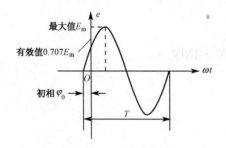

图4.1.5 正弦交流电的波形图

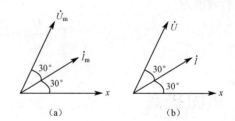

图4.1.6 正弦交流电的旋转矢量表示法

3. 旋转矢量表示法

正弦交流电可以用一个旋转的矢量来表示，以 $u = U_m \sin(\omega t + \varphi_u)$ 为例，如图4.1.6所示，通常只画出旋转矢量的起始位置，其中矢量的长度等于正弦量的最大值，矢量与横轴的夹角等于正弦量的初相。表示方法用大写字母上方加黑点表示，即 $\dot{U}_m$、$\dot{E}_m$、$\dot{I}_m$ 等。

旋转矢量的特点是从矢量图中可以看出正弦量的相位关系，利用平行四边形法则可以求同频率两正弦量的和与差。值得注意的是只有同频率的正弦量才可以把矢量图画在同一张图中。

4. 相量法（复数表示法）

在复平面中可以用一矢量来表示复数，而正弦量也可以用矢量来表示，因此，可以用复数来表示正弦量。用复数的模表示正弦量的有效值，辐角表示正弦量的初相，则称为正弦量的相量（复数）表示法。如 $i = \sqrt{2}I\sin(\omega t + \phi_1) \Leftrightarrow I = I\angle\phi_1$。它的特点是相量法表示正弦量不仅可以有相量图表示的优点，而且还可以将正弦量间的运算转化为复数间的运算，用来求同频率正弦量的和、差、积、商。

将下列正弦量用有效值相量表示，并画出相量图。
（1） $u = 311\sin(\omega t + 45°)$V
（2） $i = 10\sqrt{2}\sin(\omega t - 30°)$A
（3） $u = 380\sqrt{2}\sin\omega t$V
（4） $i = 10\sin(\omega t - 120°)$A

项目 2　纯电阻电路的测试

学习目标

- 掌握电阻元器件电压与电流的关系
- 会观察电阻元器件上的电压与电流之间的关系

工作任务

- 测试纯电阻电路参数
- 观测纯电阻电路相位关系

第 1 步　测试纯电阻电路的参数

案例导入

在照路中使用的白炽灯为纯电阻性负载，日光灯属于感性负载，家用风扇为单相交流电动机，它的等效电路如图 4.2.1 所示。图中 U₁、U₂ 为工作绕组，V₁、V₂ 为启动绕组，它们实际上是纯电阻与纯电感相串联。由图中可知，风扇是一种电阻、电感和电容混合的负载。

实际电路有很多种类，如强电类的供电系统、电机

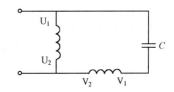

图 4.2.1　家用风扇电动机等效电路模型

控制系统、弱电类的电子电路等。这些电路中所用的负载具有各自不同的性质，可能是纯电阻类负载，也可能是几种性质负载的综合。在分析、计算不同电路时，对负载的性质必须做出明确的判别，并采用相应的方法进行分析、计算。

由以上实际应用可以得出：电类负载一般不是单纯的电阻、电感或电容，它往往是几种性质的负载混合而成的。在学习这些设备或负载的性质之前，要了解基本的单元电路如何分析、计算。

知识链接

交流电路中如果只有电阻，这种电路叫做纯电阻电路。白炽灯、电炉、电烙铁等电路，就是纯电阻电路。

在纯电阻电路中，设加在电阻 R 上的交流电压是 $u = U_\mathrm{m}\sin\omega t$，通过这个电阻的电流的瞬时值为：

$$i = \frac{u}{R} = \frac{U_\mathrm{m}}{R}\sin\omega t = I_\mathrm{m}\sin\omega t$$

式中，$I_\mathrm{m} = \dfrac{U_\mathrm{m}}{R}$。如果在等式两边同时除以 $\sqrt{2}$，则得

$$I = \frac{U}{R}$$

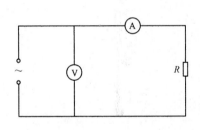

图 4.2.2 欧姆定律的验证

这就是纯电阻电路中欧姆定律的表达式。这个表达式跟直流电路中欧姆定律的形式完全相同，所不同的是在交流电路中电压和电流要用有效值。在如图 4.2.2 所示的电路中通以交流电，用电压表和电流表测量出电压和电流，可以证实上述表达式是正确的。

【例题】 在纯电阻电路中，已知电阻为 44 Ω，交流电压 $u = 311\sin(314t + 30°)$V，求通过电阻的电流，写出电流的解析式。

解：电压的有效值为

$$U = \frac{U_\mathrm{m}}{\sqrt{2}} = \frac{311}{\sqrt{2}} = 220\ \mathrm{V}$$

所以

$$I = \frac{U}{R} = \frac{220}{44} = 5\ \mathrm{A}$$

$$I_\mathrm{m} = \sqrt{2}\,I = \sqrt{2} \times 5 \approx 7.07\ \mathrm{A}$$

或

$$I_\mathrm{m} = \frac{U_\mathrm{m}}{R} = \frac{311}{44} \approx 7.07\ \mathrm{A}$$

因此，电流的解析式为

$$i = I_\mathrm{m}\sin(\omega t + \varphi_0) = 7.07\sin(314t + 30°)\ \mathrm{A}$$

巩固提高

在纯电阻电路中，下列各式哪些正确？哪些错误？
（1）$i = \dfrac{U}{R}$；（2）$I = \dfrac{U}{R}$；（3）$i = \dfrac{U_m}{R}$；（4）$i = \dfrac{u}{R}$

第 2 步 观测纯电阻电路的相位关系

知识链接

在纯电阻电路中，电流和电压是同相的。在如图 4.2.2 所示的实验中，如果用手摇发电机或低频交流电源给电路通以低频交流电，可以看到电流表和电压表的指针的摆动步调一致，表示电流和电压是同相的，它们的波形图和相量图如图 4.2.3 所示。

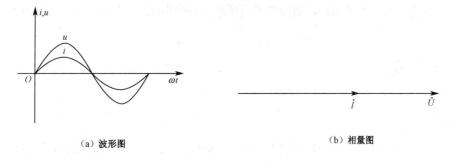

(a) 波形图   (b) 相量图

图 4.2.3 同相电压和电流

巩固提高

一个额定值为 220 V/1 kW 的电炉接在电压 $u = 311\sin(314t - 60°)$ V 的电源上：
（1）求通过电炉的电流并写出该电流的解析式；
（2）作出电压和电流相对应的矢量图。

项目 3 感性电路的测试

学习目标

✧ 掌握右手定则（电磁感应定律）
✧ 了解电感的概念，了解影响电感器电感量的因素

- ◇ 了解电感器的外形、参数，会判断其好坏
- ◇ 掌握电感元器件电压与电流的关系，理解感抗的概念
- ◇ 会观察电感元器件上电压与电流之间的关系

工作任务

- ◇ 体验电磁感应现象
- ◇ 简单测试电感器
- ◇ 测试感性电路参数

第1步　体验电磁感应现象

现代社会，工农业生产和日常生活中，人们都离不开电能，而人们使用的电能是如何产生的？交流发电机是电能生产的关键部件，而交流发电机就是利用电磁感应原理来发出交流电的。

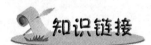

1. 电磁感应现象

在如图 4.3.1（a）所示的匀强磁场中，放置一根导线 AB，导线 AB 的两端分别与灵敏电流计的两个接线柱相连接，形成闭合回路。当导线 AB 在磁场中垂直磁感线方向运动时，电流计指针发生偏转，表明由感应电动势产生了电流。

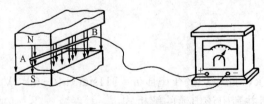

（a）导线的电磁感应

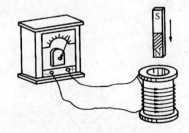

（b）线圈的电磁感应

图 4.3.1　电磁感应实验

如图 4.3.1（b）所示，将磁铁插入线圈，或从线圈抽出时，同样也会产生感应电流。也就是说，只要与导线或线圈交链的磁通发生变化（包括方向、大小的变化），就会在导线或线圈中感应电动势，当感应电动势与外电路相接，形成闭合回路时，回路中就有电流通过。这种现象称为电磁感应。

2. 感应电动势

如果导线在磁场中做切割磁感线运动，就会在导线中感应出电动势。其感应电动势的大小与磁感应强度 B、导线长度 l 及导线切割磁感线运动的速度 v 有关，其大小为

$$E = Blv \tag{4.3.1}$$

当导线运动方向与导线本身垂直，而与磁感线方向成 θ 角时，导线切割磁感线产生的感应电动势的大小为

$$E = Blv\sin\theta \tag{4.3.2}$$

感应电动势的方向可用右手定则判定：伸开右手，让拇指与其余四指垂直，让磁感线垂直穿过手心，拇指指向导体的运动方向，四指所指的就是感应电动势的方向，如图 4.3.2（a）所示。

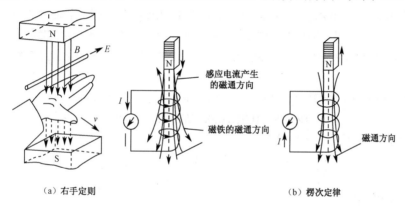

图 4.3.2 感应电动势、感应电流方向的判断

将磁铁插入线圈，或从线圈抽出时，导致磁通的大小发生变化，根据法拉第定律：当与线圈交链的磁场发生变化时，线圈中将产生感应电动势，感应电动势的大小与线圈交链的磁通变化率成正比。感应电动势的大小为

$$e = -\frac{\Delta\Phi}{\Delta t} \tag{4.3.3}$$

式中：Φ 为磁通，单位为韦伯（Wb）；t 为时间，单位为秒（s）；e 为感应电动势，单位为伏特（V）。$\Delta\Phi/\Delta t$ 就是与线圈交链的磁通变化率。

如果线圈有 N 匝，而且磁通全部穿过 N 匝线圈，则与线圈相交链的总磁通为 $N\Phi$，称为磁链，用"Ψ"表示，单位还是 Wb。则线圈的感应电动势为

$$e = -\frac{\Delta\Psi}{\Delta t} = -\frac{\Delta N\Phi}{\Delta t} = -N\frac{\Delta\Phi}{\Delta t} \tag{4.3.4}$$

感应电动势的方向与其产生的感应电流方向相同。

3. 感应电流

当导体在磁场中切割磁感线运动时，在导体中产生感应电动势，如果导体与外电路形成闭

合回路，就会在闭合回路中产生感应电流，感应电流的方向与感应电动势的方向相同，也可用右手定则来判定：感应电流产生的磁通总是阻碍原磁通的变化。如图 4.3.2 所示，将磁铁插入线圈，或从线圈抽出时，线圈中将产生感应电流，而感应电流产生的磁通总是阻碍线圈中原磁通的变化。

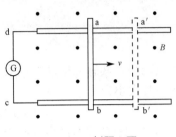

图 4.3.3 例题1图

【例题 1】 在图 4.3.3 中，设匀强磁场的磁感应强度 B 为 0.1 T，切割磁感线的导线长度 l 为 40 cm，向右匀速运动的速度 v 为 5 m/s，整个线框的电阻 R 为 0.5 Ω，求：

（1）感应电动势的大小；

（2）感应电流的大小和方向。

解：（1）线圈中的感应电动势为
$$E = Blv = 0.1 \times 0.4 \times 5 \text{V} = 0.2 \text{V}$$

（2）线圈中的感应电流为
$$I = \frac{E}{R} = \frac{0.2}{0.5}\text{A} = 0.4\text{A}$$

利用楞次定律或右手定则，可以确定出线圈中感应电流的方向是沿 abcd 方向。

【例题 2】 在一个 $B = 0.01$ T 的强磁场中，放一个面积为 0.001 m² 的线圈，其匝数为 500 匝。在 0.1 s 内，把线圈从平行于磁感线的方向转过 90°，使其与磁感线方向垂直。求感应电动势的平均值。

解：在时间 0.1 s 内，线圈转过 90°，穿过它的磁通是从 0 变成：
$$\Phi = BS = 0.01 \times 0.001 \text{Wb} = 1 \times 10^{-5} \text{Wb}$$

在这段时间内，磁通量的平均变化率：
$$\frac{\Delta \Phi}{\Delta t} = \frac{\Phi - 0}{\Delta t} = \frac{1 \times 10^{-5} - 0}{0.1}\text{Wb/s} = 1 \times 10^{-4}\text{Wb/s}$$

根据电磁感应定律：
$$e = N\frac{\Delta \Phi}{\Delta t} = 500 \times 1 \times 10^{-4}\text{V} = 0.05\text{V}$$

【例题 3】 如果将一个线圈按如图 4.3.4 所示放置在磁铁中，让其在磁场中作切割磁力线运动，试判断线圈中产生的感应电动势的方向，并分析由此可以得出什么结论？

解：根据右手定则判断感应电动势的方向，如图 4.3.4 所示。

若将线圈中的感应电动势从线圈两端引出，便获得了一个交变的电压，这就是发电机的原理。

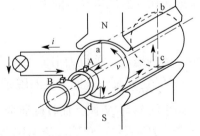

图 4.3.4 例题3图

在 0.4 T 的匀强磁场中，长度为 25 cm 的导线以 6 m/s 的速度作切割磁感线运动，运动方向与磁感线成 30°角 并与导线本身垂直，求导线中感应电动势的大小。

第2步 简单测试电感器

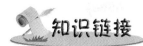

实际电感线圈就是用漆包线、纱包线或裸导线一圈一圈地绕在绝缘管或铁芯上而又彼此绝缘的一种元器件。在电路中多用来对交流信号进行隔离、滤波或组成谐振电路等。电感元器件是从实际线圈抽象出来的理想化模型，是代表电路中储存磁场能量这一物理现象的理想二端元器件。当忽略实际线圈的导线电阻和线圈匝与匝之间的分布电容时，可将其抽象为仅具有储存磁场能量的电感元器件。

1. 电感线圈的定义

电感线圈一般简称为电感。随着流过电感线圈的电流的变化，线圈内部会感应某个方向的电压以反映通过线圈的电流变化。电感两端的电压与通过电感的电流有以下关系：$U = L\dfrac{\Delta I}{\Delta t}$。其中，$L$ 为电感的值，电感的基本单位是亨（H）。在一般情况下，电路中的电感值很小，用 mH（毫亨）、μH（微亨）表示。其转换关系为 $1\text{ H}=10^3\text{ mH}=10^6\text{ μH}$。

电感器的文字符号为"L"，图形符号为 —⌒⌒⌒— 。

2. 电感线圈的分类与命名

电感线圈按使用特征可分为固定和可调两种，按磁芯材料可分为空芯、磁芯和铁芯等。按结构可分为小型固定电感、平面电感及中周。下面介绍几种常用的电感线圈。

（1）空芯线圈是用导线绕制在纸筒、胶木筒、塑料筒上组成的线圈或绕制后脱胎而成，由于此线圈中间不另加介质材料，因此称为空芯线圈，其外形及符号如图 4.3.5 所示。

（2）铁芯线圈是在空芯线圈中插入硅钢片，其外形及符号如图 4.3.6 所示。

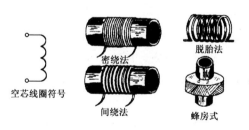

图 4.3.5 空芯线圈的外形及符号

图 4.3.6 铁芯线圈的外形及符号

（3）磁芯线圈是用导线在磁芯磁环上绕制成线圈，或者在空芯线圈中插入磁芯，外形及符号如图 4.3.7（a）所示。

（4）可调磁芯线圈。

在空芯线圈中插入可调的磁芯组成可调磁芯线圈，其外形和符号如图 4.3.7（b）所示。

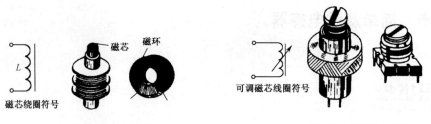

图 4.3.7 磁芯线圈

(5) 色码电感。

色码电感是一种带磁芯的小型固定电感。其电感量标示方法与色环电阻器一样，是以色环或色点表示的，但有些固定电感器没有采用色环标示法，而是直接将电感量数值标在电感壳体上，习惯上也称其为"色码电感器"。常用色码电感器外形及符号如图4.3.8所示。

电阻器和电容器都是标准元器件，而电感器除少数可采用现成产品外，通常为非标准元器件，须根据电路要求自行设计、制作。国产电感器的型号命名一般由四部分组成，如图4.3.9所示，第一部用字母表示电感器的主称，"L"为电感线圈，"ZL"为阻流圈；第二部分用字母表示电感器的特征，如"G"为高频；第三部分用字母表示电感器的类型，如"X"为小型；第四部分用字母表示区别代号。

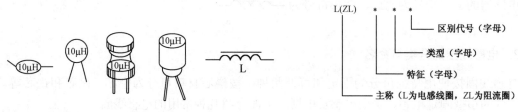

图 4.3.8 色码电感器的外形及符号　　　　图 4.3.9 电感器的型号命名

3. 电感线圈的参数

电感器的主要参数是电感量和额定电流。

(1) 电感量 L 也称自感系数，是表示电感元器件自感应能力的一种物理量。当通过一个线圈的磁通发生变化时，线圈中便会产生电势，这是电磁感应现象。所产生的电势称感应电势，电势大小正比于磁通变化的速度和线圈匝数。当线圈中通过变化的电流时，线圈产生的磁通也要变化，磁通掠过线圈，线圈两端便产生感应电势，这便是自感应现象。自感电势的方向总是阻止电流变化，这种电磁惯性的大小就用电感量 L 来表示。L 的大小与线圈匝数、尺寸和导磁材料均有关。

电感器上电感量的标示方法有两种。一种是直标法，即将电感量直接用文字印在电感器上，如图 4.3.10 所示；另一种是色标法，即用色环表示电感量，其单位为μH。色标法如图 4.3.11 所示，第 1、2 环表示两位有效数字，第 3 环表示倍乘数，第 4 环表示允许偏差。各色环颜色的含义与色环电阻器相同。

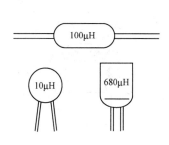

图 4.3.10 电感量直标法

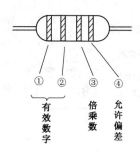

图 4.3.11 电感量色标法

（2）额定电流是指电感器在正常工作时，所允许通过的最大电流。额定电流一般以字母表示，并直接印在电感器上，字母的含义见表 4.3.1。使用中电感器的实际工作电流必须小于电感器的额定电流，否则电感线圈将会严重发热甚至烧毁。

表 4.3.1 电感器额定电流代号的意义

字母代号	A	B	C	D	E
额定电流	5 mA	150 mA	300 mA	700 mA	1.6 A

4．电感线圈的特性与作用

电感线圈在通过电流时会产生自感电动势，自感电动势总是阻碍原电流的变化，如图 4.3.12 所示，当通过电感线圈的原电流增加时，自感电动势与原电流反方向，阻碍原电流增加；当原电流减小时，自感电动势与原电流同方向，阻碍原电流减小。自感电动势的大小与通过电感线圈的电流的变化率成正比。由于直流电的电流变化率为"0"，所以其自感电动势也为"0"，直流电可以无阻力地通过电感线圈（忽略电感线圈极小的导线电阻）。对于交流电来说，情况就不同了。交流电的电流时刻都在变化，它在通过电感线圈时必然受到自感电动势的阻碍。交流电的频率越高，电流变化率越大，产生的自感电动势也越大，交流电流通过电感线圈时受到的阻力也就越大。

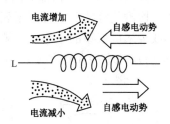

图 4.3.12 自感电动势对电流的阻碍作用

电感器的最基本功能是：通直流阻交流。电感器对流过它的交流电流存在的阻碍作用称为感抗 $X_L = 2\pi f L$，感抗大小与频率、电感量成正比。频率高，感抗大；频率低，感抗小；电感量大，感抗大；电感量小，感抗小。

电感线圈的主要作用是对交流信号进行隔离、滤波或组成谐振电路。它的应用范围很广泛，在调谐、振荡、耦合、匹配、滤波、陷波、延迟、补偿及偏转等电路中，都是必不可少的。

5．电感线圈的标志识别

（1）直标法。电感量由数字和单位直接标在外壳上。

（2）色点标注法。用色点做标志与电阻色环标志相似，但顺序相反，单位为μH，如图 4.3.13 所示。色点环标注的前两点为有效数字，第三点为倍率。

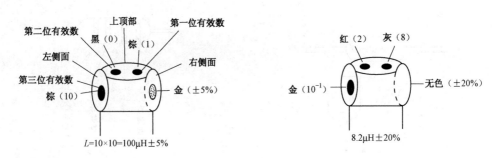

图 4.3.13　电感量色点标注法

(3) 色环标注法如图 4.3.11 所示。

6. 电感线圈的检测

电感器性能的检测在业余条件下是无法进行的，对电感量的检测及对阻值的检测等均要用专门的仪器，对于一般使用者来说可从以下三个方面进行检测。

(1) 检测电感线圈通断情况。

电感器的好坏可以用万用表进行初步检测，即检测电感器是否有断路、短路、绝缘不良等情况。检测时，首先将万用表置于"R×1"挡，两表笔不分正、负与电感器的两引脚相接，表针指示应接近为"0Ω"，如图 4.3.14（a）所示，如果表针不动，说明该电感器内部断路；如果表针指示不稳定，说明该电感器内部接触不良。对于电感量较大的电感器，由于其线圈圈数较多，直流电阻相对较大，万用表指示应有一定的阻值，如图 4.3.14（b）所示。如果表针指示为"0Ω"，则说明该电感器内部短路。

(2) 检测绝缘情况。将万用表置于"R×10k"挡，检测电感器的绝缘情况，主要是针对具有铁芯或金属屏蔽罩的电感器。测量线圈引线与铁芯或金属屏蔽罩之间的电阻，均应为无穷大（表针不动），如图 4.3.15 所示。否则说明该电感器绝缘不良。

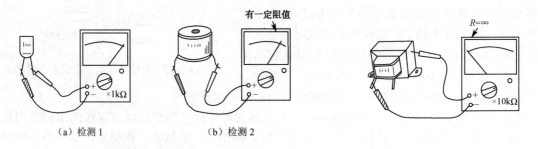

图 4.3.14　电感线圈通断情况检测　　　　图 4.3.15　电感器绝缘情况检测

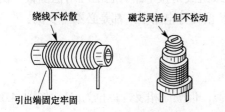

图 4.3.16　电感器外观结构

(3) 检查电感器外观结构。仔细观察电感器结构，如图 4.3.16 所示，外观是否有破裂现象，线圈绕线是否有松散变形的现象，引脚是否牢固，外表上是否有电感量的标称值，磁芯旋转是否灵活，有无滑扣等。

1. 电感器的主要参数有哪些？
2. 电感器的标识方法有哪几种？
3. 如何检测电感线圈的通断情况？

第3步　测试感性电路参数

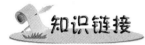

1. 电感对交流电的阻碍作用

在如图 4.3.17 所示的电路里，当双刀双掷开关 S 分别接通直流电源和交流电源（直流电压和交流电压的有效值相等）时，指示灯的亮度相同，这表明电阻对直流电和对交流电的阻碍作用是相同的。

用电感线圈 L 代替图 4.3.17 中的电阻 R，并且让线圈 L 的电阻值等于 R，如图 4.3.18 所示，再用双刀双掷开关 S 分别接通直流电源和交流电源，可以看到，接通直流电源时，指示灯的亮度与图 4.3.17 相同；接通交流电源时，指示灯明显变暗，这表明电感线圈对直流电和交流电的阻碍作用是不同的。对于直流电，起阻碍作用的只是线圈的电阻；对交流电，除了线圈的电阻外，电感也起阻碍作用。

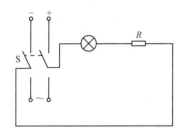

图 4.3.17　电阻的作用

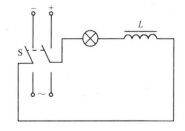

图 4.3.18　电感的作用

为什么电感对交流电有阻碍作用呢？这是因为交流电通过电感线圈时，电流时刻都在改变，电感线圈中必然产生自感电动势，阻碍电流的变化，这样就形成了对电流的阻碍作用。

电感对交流电的阻碍作用叫做感抗，用符号 X_L 表示，它的单位也是欧（Ω）。

感抗的大小与哪些因素有关呢？在如图 4.3.18 所示的实验中，如果把铁芯从线圈中取出，使线圈的自感系数减小，指示灯就变亮；重新把铁芯插入线圈，使线圈的自感系数增大，指示灯又变暗。这表明线圈的自感系数越大，感抗就越大。在如图 4.3.18 所示的实验中，如果变更交流电的频率而保持电源电压有效值不变，可以看到，频率越高，指示灯越暗。这表明交流电的频率越高，线圈的感抗也越大。

为什么线圈的感抗与它的自感系数和交流电的频率有关呢？感抗是由自感现象引起的，线

圈的自感系数 L 越大，自感作用就越大，因而感抗也越大；交流电的频率 f 越高，电流的变化率越大，自感作用也越大，感抗也就越大。进一步的研究指出，线圈的感抗 X_L 跟它的自感系数 L 和交流电的频率 f 有如下的关系：

$$X_L = \omega L = 2\pi f L$$

式中，X_L、f、L 的单位分别是欧（Ω）、赫兹（Hz）、亨（H）。

2. 电流与电压的关系

一般的线圈中电阻比较小，可以忽略不计，而认为线圈只有电感。只有电感的电路叫做纯电感电路。

下面用如图 4.3.19 所示的电路来研究纯电感电路中电流与电压之间的大小关系，其中 L 为电阻可忽略不计的电感线圈，T 为调压变压器，用它可以连续改变输出电压。改变滑动触总 P 的位置，L 两端的电压和通过 L 的电流都随着改变。记下几组电流、电压的值，就会发现，在纯电感电路中，电流跟电压成正比，即

$$I = \frac{U}{X_L}$$

这就是纯电感电路中欧姆定律的表达式。

电流和电压之间的相位关系，可以用如图 4.3.20 所示的实验来进行观察。用手摇发电机或低频交流电源给电路通低频交流电，可以看到电流表和电压表两指针摆动的步调是不同的。这表明，电感两端的电压跟其中的电流不是同相的。

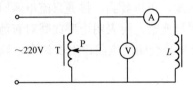
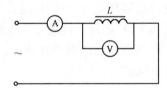

图 4.3.19　纯电感电路中电流与电压之间的大小关系　　图 4.3.20　电流和电压之间的相位关系

进一步研究这个问题可以使用示波器。把电感线圈两端的电压和线圈中的电流的变化输送给示波器，在荧光屏上就可以看到电压和电流的波形。从波形看出，电感使交流电的电流滞后于电压。精确的实验可以证明，在纯电感电路中，电流比电压落后 $\pi/2$，它们的波形图和相量图如图 4.3.21 所示。

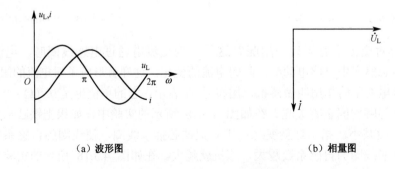

(a) 波形图　　　　　　　　　　(b) 相量图

图 4.3.21　电流滞后于电压

一个线圈的电感为 0.5 H，电阻可以忽略，把它接在频率为 50 Hz、电压为 220 V 的交流电源上，求通过线圈的电流。若以电压作为参考相量，写出电流瞬时值的表达式，并画出电压和电流的相量图。

项目 4　容性电路的测试

学习目标

- 了解电容器的种类、外形和参数，了解电容的概念，了解储能元器件的概念
- 理解电容器充、放电电路的工作特点，会判断电容器的好坏
- 能根据要求，正确利用串联、并联方式获得合适的电容
- 理解瞬态过程，了解瞬态过程在工程技术中的应用
- 理解换路定律，能运用换路定律求解电路的初始值
- 了解 RC 串联电路瞬态过程；理解时间常数的概念，了解时间常数在电气工程技术中的应用，能解释影响其大小的因素
- 掌握电容元器件电压与电流的关系，了解容抗的概念

工作任务

- 简单测试电容器
- 感知 RC 瞬态过程
- 测试容性电路参数

第 1 步　简单测试电容器

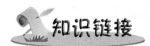

1. 电容的定义

电容器简称电容，是最常见的电子元器件之一，它具有储存一定电荷的能力。在两个平行金属板中间夹上一层绝缘物质（也叫电介质）就组成了一个最简单的电容器，叫做平行板电容器。这两个金属板叫做电容器的两个极，中间的绝缘物质叫做介质。

电容器所带的电量 Q 跟它的两极间的电势差 U 的比值，叫做电容器的电容，用 "C" 表示，$C = \dfrac{Q}{U}$。此式表示电容在数值上等于使电容器两极间的电势差为 1 V 时，电容器需要带的电量。这个电量大，电容器的电容就大。可见，电容是表示电容器容纳电荷本领的物理量。在

国际单位制内,电容的单位为法拉(F)、微法(μF)、纳法(nF)和皮法(pF),它们之间的换算关系为:$1\,F=10^6\,\mu F=10^9\,nF=10^{12}\,pF$。

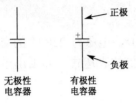

图 4.4.1 电容的符号

2. 电容器的分类

电容器种类很多,按其是否有极性来分,可分为无极性电容器和有极性电容器两大类。电容器的文字符号为"C",图形符号分为有极性电容器和无极性电容器,如图 4.4.1 所示。

常见无极性电容器有纸介电容器、油浸纸介密封电容器、金属化纸介电容器、云母电容器、有机薄膜电容器、玻璃釉电容器、陶瓷电容器等。有极性电容器的内部构造比无极性电容器复杂。此类电容器按正极材料不同,可分为铝电解电容器及钽(或铌)电解电容器。它们的外形如图 4.4.2 所示。

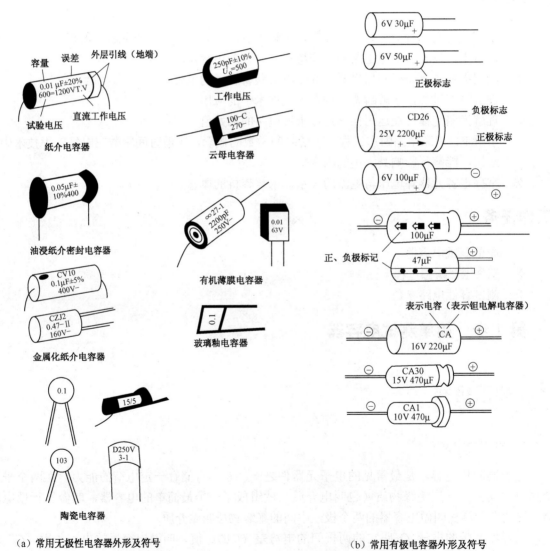

(a) 常用无极性电容器外形及符号 (b) 常用有极电容器外形及符号

图 4.4.2 电容器外形及符号

3. 电容器的主要参数

电容器的主要参数有容量和额定电压。

（1）电容器的容量是电容的基本参数，数值标在电容上，不同类别的电容有不同系列的标称值。电容器上容量的标注方法常见的有两种：一种是直标法，如图 4.4.3 所示，有极性电容器上还印有极性标志。另一种是数码表示法，一般用三位数字表示电容容量的大小，其单位为 pF，在三位数字中，前两位是有效数字，第三位是倍乘数，即表示有效数字后有多少个 "0"，如图 4.4.4 所示。倍乘数的标示数字所代表的含义见表 4.4.1，标示数为 0~8 时分别表示 10^0~10^8，而 9 则表示 10^{-1}。例如，103 表示 10×10^3=10000 pF=0.01 μF，229 表示 22×10^{-1}=2.2 pF。

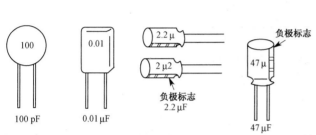

图 4.4.3　电容器容量直标法

图 4.4.4　电容器容量数码表示法

表 4.4.1　电容器上倍乘数的意义

标示数字	0	1	2	3	4	5	6	7	8	9
倍乘数	$\times10^0$	$\times10^1$	$\times10^2$	$\times10^3$	$\times10^4$	$\times10^5$	$\times10^6$	$\times10^7$	$\times10^8$	$\times10^{-1}$

（2）电容的额定电压是指在规定温度下，能保证长期连续工作而不被击穿的电压。所有的电容都有额定电压参数，额定电压表示了电容两端所允许施加的最大电压。如果施加的电压大于额定电压值，将损坏电容。电容的额定电压系列随电容类别不同而有所区别，通常都在电容器上直接标出，如图 4.4.5 所示。

4. 电容器的连接

1）电容器的串联

把几个电容器的极板首尾相接，连成一个无分支电路的连接方式叫做电容器的串联。图 4.4.6 是三个电容器的串联，接上电源后，电路两端总电压为 U，两极板分别带电，电荷量为 $+q$ 和 $-q$，由于静电感应，中间极板所带的电荷量也等于 $+q$ 和 $-q$，所以，串联时每个电容器带的电荷量都是 q。如果各个电容器的电容分别是 C_1、C_2、C_3，电压分别是 U_1、U_2、U_3，那么

$$U_1 = \frac{q}{C_1}, \quad U_2 = \frac{q}{C_2}, \quad U_3 = \frac{q}{C_3}$$

总电压 U 等于各个电容器上的电压之和，所以

$$U_1 = U_1 + U_2 + U_3 = q\left(\frac{1}{C_1} + \frac{1}{C_2} + \frac{1}{C_3}\right)$$

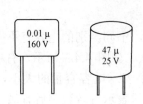

图 4.4.5 电容的额定电压

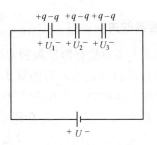

图 4.4.6 电容器串联

设串联电容器的总电容为 C,因为 $U = \dfrac{q}{C}$,所以

$$\frac{1}{C} = \frac{1}{C_1} + \frac{1}{C_2} + \frac{1}{C_3}$$

即串联电容器的总电容的倒数等于各个电容器的倒数之和。电容器串联后,相当于增大了两极板之间的距离,因此,总电容小于每个电容器的电容。

2)电容器的并联

把几个电容器的正极连在一起,负极也连在一起,这就是电容器的并联。如图 4.4.7 所示是三个电容的并联,接上电源后,每个电容器的电压都是 U。如果各个电容器的电容分别是 C_1、C_2、C_3,则所带的电量分别是 q_1、q_2、q_3,那么

$$q_1 = C_1 U,\quad q_2 = C_2 U,\quad q_3 = C_3 U$$

电容器组储存的总电荷量 q 等于各个电容器所带电荷量之和,即

$$q = q_1 + q_2 + q_3 = (C_1 + C_2 + C_3)U$$

设并联电容器的总电容为 C,因为 $q = CU$,所以

$$C = C_1 + C_2 + C_3$$

即并联电容器的总电容等于各个电容器的电容之和。电容器并联之后,相当于增大了两极板的面积,因此,总的电容大于每个电容器的电容。

5. 电容器的充电和放电

1)电容器的充电

在如图 4.4.8 所示的电路中,C 是一个电容很大的未充电的电容器。当 S 合向接点 1 时,电源向电容器充电,指示灯开始较亮,然后逐渐变暗,说明充电电流在变化。从电流表上可看到充电电流在减小,而从电压表上可以看出电容两端的电压 U 在上升。经过一段时间后,指示灯不亮了,电流表的指针回到零,此时电压表上的示数等于电源的电动势(即 $U_C = E$)。

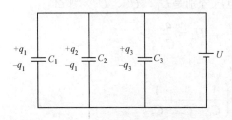

图 4.4.7 电容器的并联

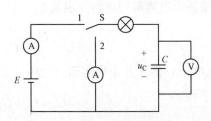

图 4.4.8 电容器充、放电

为什么电容器在充电时，电流会由大变小，最后变为零呢？这是由于 S 刚闭合的一瞬间，电容器的极板与电源之间存在较大的电压，所以，开始时充电电流较大。随着电容器极板上电荷的积聚，两者之间的电压逐渐减小，电流也就越来越小。当两者之间不存在电压时，电流为零，即充电结束。此时电容两端的电压 $U_C = E$，电容中储存的电荷 $q = CE$。

2）电容器的放电

在如图 4.4.8 所示的电路中，电容器充电结束后（这时 $U_C = E$），如果把 S 合向接点 2，电容器便开始放电。这时，从电流表上可以看出电路中有电流流过，但电流在逐渐减小（灯由亮逐渐变暗，最后不亮），而从电压表上看到电容器两端的电压 u_C 在逐渐下降，过一段时间后，电流表和电压表的示数都回到零，说明电容器放电过程已结束。

在电容器放电过程中，由于电容两极板间的电压使回路中有电流存在。开始时这个电压较大，因此，电流较大，随着电容两极板上正、负电荷的不断中和，两极板间的电压越来越小，电路中的电流也越来越小。放电结束，电容器两极板上的正、负电荷全部中和，两极板间就不存在电压了，因此，电路中的电压为零。

必须注意的是，电路中的电流是由于电容器的充放电形成的，并非电流直接通过电容器中的电介质，在此过程中，电容器本身并不消耗电能。

通过对电容器充放电过程的分析，可以得出这样的结论：当电容器极板上所储存的电荷发生变化时，电路中就有电流通过；若电容器极板上所储存的电荷恒定不变时，则电路中就没有电流流过。所以，电路中的电流为：

$$i = \frac{\Delta q}{\Delta t}$$

因为 $q = CU_C$，可得 $\Delta q = C\Delta U_C$，所以

$$i = \frac{\Delta q}{\Delta t} = C\frac{\Delta U_C}{\Delta t}$$

3）电容器的检测

通常用万用表的电阻挡（R×100 或 R×1 k）来判别较大容量的电容器的质量，这是利用了电容器的充放电作用。如果电容器的质量很好，漏电很小，将万用表的表笔分别与电容器的两端接触，则指针会有一定的偏转，并很快回到接近起始位置的地方。如果电容器的漏电量很大，则指针回不到起始位置，而停在标度盘的某处，这时指针所指出的电阻数值即表示该电容器的漏电阻值。如果指针偏转到零欧位置之后不再回去，则说明电容器内部已经短路。如果指针根本不偏转，则说明电容器内部可能断路，或电容量很小，不足以使指针偏转，如图 4.4.9 所示。

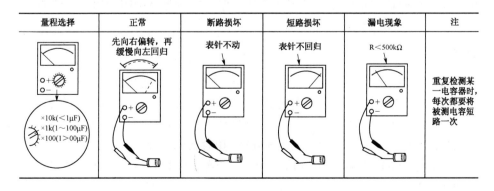

图 4.4.9 电容检测

4）电容器中的电场能量

电容器在充电过程中，两个极板上有电荷积累，两极板间形成电场，正、负电荷间有相互的作用力，这就相当于一个被拉长或压紧的弹簧会具有一定的能量，所以带电的电容也必定具有一定的能量，这个能量实际是在充电过程中由电源转移过来而储存在电容中的。

经过计算可以得出电容中储存的电场能量为：

$$W_C = \frac{1}{2}qU_C = \frac{1}{2}CU_C^2$$

式中，电容 C 用 F 做单位，电压 U_C 用 V 做单位，电荷量 q 用 C 做单位，计算出的能量用 J 做单位。

上式说明，电容中储存的能量与电容器的电容成正比，与电容器两极板之间电压的平方成正比。

电容器和电阻都是电路中的基本元器件，但它们在电路中所起的作用却不同。电容器两端电压增加时，电容器便从电源吸收能量并储存在两极板间的电场中，而当电容两端电压减小时，它便把原来储存的电场能量释放出来（可以看做将能量还给了电源）；即电容器本身只与电源之间交换能量，而本身并不消耗能量，所以说电容器是一种储能元器件；如果电容器不断地与电源之间交换能量，虽然电容器本身并不消耗能量，但这种不断的交换行为将会占用电源系统的资源，会使电源系统的供电效能降低。实际的电容由于介质漏电及其他原因，也要消耗一些能量，使电容器发热，这种能量损耗叫做电容器的损耗。

巩固提高

1. 填空题

（1）电容器在充电过程中，充电电流逐渐_____，而两端电压逐渐_____；在放电过程中，放电电流逐渐_____，而两端电压逐渐_____。

（2）用万用表判别较大容量的电容器的质量时，应将万用表拨到_____挡，通常倍率使用_____或_____。如果将表笔分别与电容器两端接触，指针有一定偏转，并很快回到起始位置的地方，说明电容器_____；若指针偏转到零刻度位置后不再回到起始位置，说明电容器_____。

（3）电容器和电阻器都是电路的基本元器件，但它们在电路中的作用是不同的。从能量上来看，电容器是_____元器件，而电阻则是_____元器件。

2. 问答题

（1）有两个电容器，一个电容较大，另一个电容较小，如果它们所带的电荷量一样，那么哪一个电容器上的电压较高？如果它们充电电压相等，那么哪一个电容器所带的电量较多？

（2）一个平行板电容器，两极板间是空气，极板的面积为 50 cm²，两极间距为 1 mm。求：①电容器的电容；②如果两极板间的电压是 300 V，电容带的电荷量是多少？

（3）把"100 pF，600 V"和"300 pF，300 V"的电容串联后接到 900 V 的电路上，电容会被击穿吗？为什么？

3. 计算题

（1）容量为 3000 pF 的电容带电荷量为 $1.8×10^{-6}$ C，撤去电源，再把它跟容量为 1500 pF 的电容并联，求每个电容器所带的电荷量。

（2）一只 10 μF 的电容器已被充电到 100 V，欲继续充电到 200 V，问电容器可增加多少电场能？

第 2 步　感知 RC 瞬态过程

电容元器件经常作为过电压保护元器件并联在电路中，它主要利用电容元器件在换路瞬间电压不能发生跃变这一原理进行工作，这其实是一个电容的放电过程。那么在换路过程中电容电压和电流又是怎样变化的呢？必须对 RC 电路的瞬态过程进行分析。

1. 瞬态过程

1）瞬态过程的概念

电动机启动，其转速由零逐渐上升，最终达到额定转速。高速行驶汽车的刹车过程：由高速到低速或高速到停止等。它们的状态都是由一种稳定状态转换到一种新的稳定状态，这个过程的变化都是逐渐的、连续的，而不是突然的、间断的，并且是在一个瞬间完成的，这一过程就叫瞬态过程。

（1）稳定状态。

所谓稳定状态就是指电路中的电压、电流已经达到某一稳定值，即电压和电流为恒定不变的直流或者是最大值与频率固定的正弦交流。

（2）瞬态过程。

电路从一种稳定状态向另一种稳定状态的转变，这个过程称为瞬态过程，也称为过渡过程。电路在瞬态过程中的状态称为瞬态。

为了了解电路产生瞬态过程的原因，下面观察一个实验现象。如图 4.4.10 所示的电路，三个并联支路分别为电阻、电感、电容与灯泡串联，S 为电源开关。

当闭合开关 S 时可以发现电阻支路的灯泡 EL1 立即发光，且亮度不再变化，说明这一支路没有经历瞬态过程，立即进入了新的稳态；电感支路的灯泡 EL2 由暗渐渐变亮，最后达到稳定，说明电感支路经历了瞬态过程；电容支路的灯泡 EL3 由亮变暗直到熄灭，说明电容支路也经历了瞬态过程。当然若开关 S 状态保持

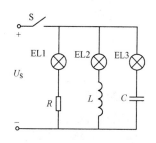

图 4.4.10　瞬态过程演示实验

不变（断开或闭合），就观察不到这些现象了。由此可知，产生瞬态过程的外因是接通了开关，但接通开关并非都会引起瞬态过程，如电阻支路。产生瞬态过程的两条支路都存在储能元器件（电感或电容），这是产生瞬态过程的内因。

（3）换路。

通常把电路状态的改变（如通电、断电、短路、电信号突变、电路参数的变化等）统称为换路，并认为换路是立即完成的。

综上所述，产生瞬态过程的原因有两个方面，即外因和内因。换路是外因，电路中有储能元器件（也叫动态元器件）是内因。所以瞬态过程的物理实质在于换路迫使电路中的储能元器件要进行能量的转移或重新再分配，而能量的变化又不能从一种状态跳跃式地直接变到另一种状态，而必须经历一个逐渐变化的过程。

2）换路定律

在分析电路的瞬态过程时，除应用基尔霍夫定律和元器件伏安关系外，还应了解和利用电路在换路时所遵循的规律（即换路定律）。

为便于电路分析，特做如下设定：$t=0$ 为换路瞬间，而以 $t=0_-$ 表示换路前的终了时间，$t=0_+$ 表示换路后的初始瞬间。0_- 和 0_+ 在数值上都等于 0，但前者是指 t 从负值趋近于零，后者是指 t 从正值趋近于零。

（1）电感元器件。由于它所储存的磁场能量 $\frac{1}{2}Li_L^2$ 在换路的瞬间保持不变，因此可得

$$i_L(0_+) = i_L(0_-)$$

（2）电容元器件。由于它所储存的电场能量 $\frac{1}{2}Cu_C^2$ 在换路的瞬间保持不变，因此可得

$$u_C(0_+) = u_C(0_-)$$

综上所述，换路时，电容电压 u_C 不能突变；电感电流 i_L 不能突变。这一结论叫做换路定律。即

$$u_C(0_+) = u_C(0_-)$$
$$i_L(0_+) = i_L(0_-)$$

需要强调的是，电路在换路时，只是电容电压和电感电流不能跃变，而电路中其他的电压和电流是可以跃变的。

3）一阶电路初始值的计算

（1）一阶电路。只含有一个储能元器件的电路称为一阶电路。

（2）初始值。把 $t=0_+$ 时刻电路中电压、电流的值，称为初始值。

（3）电路瞬态过程初始值的计算按下面的步骤进行。

① 根据换路前的电路求出换路前的瞬间，即 $t=0_-$ 时的电容电压 $u_C(0_-)$ 和电感电流 $i_L(0_-)$ 值。

② 根据换路定律求出换路后的瞬间，即 $t=0_+$ 时的电容电压 $u_C(0_+)$ 和电感电流 $i_L(0_+)$ 值。

③ 画出 $t=0_+$ 时的等效电路，把 $u_C(0_+)$ 等效为电压源，把 $i_L(0_+)$ 等效为电流源。

④ 求电路其他电压和电流在 $t=0_+$ 时的数值。

【例题 1】 在如图 4.4.11（a）所示的电路中，已知 $R_1=4\,\Omega$，$R_2=6\,\Omega$，$U_S=10\,V$，开关 S 闭合前电路已达到稳定状态，求换路后瞬间各元器件上的电压和电流。

解：（1）换路前开关 S 尚未闭合，R_2 电阻没有接入，电路如图 4.1.11（b）所示。由换路前的电路

$$u_C(0_-) = U_S = 10\text{V}$$

（2）根据换路定律

$$u_C(0_+) = u_C(0_-) = 10\text{V}$$

（3）开关 S 闭合后，R_2 电阻接入电路，画出 $t=0_+$ 时的等效电路，如图 4.4.11（c）所示。

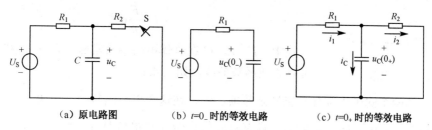

(a) 原电路图　　　　(b) $t=0_-$ 时的等效电路　　　　(c) $t=0_+$ 时的等效电路

图 4.4.11　例题 1 图

（4）在如图 4.4.11（c）所示电路上求出各个电压、电流值。

$$i_1(0_+) = \frac{U_S - u_C(0_+)}{R_1} = \frac{10-10}{4}\text{A} = 0\text{A}$$

$$u_{R1}(0_+) = R i_1(0_+) = 0\text{V}$$

$$u_{R2}(0_+) = u_C(0_+) = 10\text{V}$$

$$i_2(0_+) = \frac{u_{R2}(0_+)}{R_2} = \frac{10}{6}\text{A} = 1.67\text{A}$$

$$i_C(0_+) = i_1(0_+) - i_2(0_+) = -i_2(0_+) = -1.67\text{A}$$

2. RC 电路的瞬态过程

1）RC 电路的充电

在图 4.4.12 中，当开关 S 刚合上时，电容器上还没有电荷，它的电压 $U_C(0_+) = 0$，此时 $u_R(0_+) = E$，电路里的起始充电电流 $i(0_+)$ 为

$$i(0_+) = \frac{E}{R}$$

当电路里有了电流，电容器极板上就开始积累电荷，电容器上的电压 u_C 就随时间逐渐上升，由于 $E = u_C + u_R$，因此随着 u_C 的升高，电阻两端电压 u_R 就不断减小。根据欧姆定律 $i = \dfrac{u_R}{R}$ 可知，充电电流 i 也随着变小。充电过程

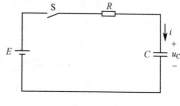

图 4.4.12　充电

延续一定时间以后，u_C 增加到趋近于电源电压 E，则充电电流趋近于零，充电过程基本结束。

由于电容器两端电压与电容、电流的关系为

$$i = \frac{\Delta q}{\Delta t} = C\frac{\Delta u_C}{\Delta t}$$

将上式代入 $E = u_C + u_R = u_C + Ri$ 中，得

$$E = u_C + RC\frac{\Delta u_C}{\Delta t}$$

数学上可以证明它的解为

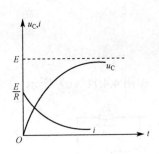

图 4.4.13 函数曲线

$$u_C = E\left(1 - e^{-\frac{t}{RC}}\right)$$

将上式代入 $i = \dfrac{u_R}{R} = \dfrac{E - u_C}{R}$ 中，得

$$i = \frac{E}{R} e^{-\frac{t}{RC}}$$

式中，E、R、C 在具体电路中是常数。根据 u_C 和 i 两个函数式可以绘成函数曲线，如图 4.4.13 所示。

在 u_C 和 i 的两个式子中都含有指数函数项 $e^{-\frac{t}{RC}}$，在这个指数函数中，由 R 与 C 乘积构成的常数 $[RC] = [\Omega \cdot F] = [\Omega \cdot \dfrac{C}{V}] = [\dfrac{C}{A}] = [s]$，具有时间的量纲，其单位是 s，所以叫做时间常数，用 τ 表示，即

$$\tau = RC$$

理论上，按照指数规律，需要经过无限长的时间，瞬态过程才能结束。但当 $t = (3 \sim 5)\tau$ 时，电容上的电压已达 $(0.95 \sim 0.99)E$，见表 4.4.2，通常认为电容器充电基本结束，电路进入了稳态。

表 4.4.2 时间常数

t	0	0.8τ	τ	2τ	2.3τ	3τ	5τ
$i = \dfrac{E}{R}e^{-\frac{t}{\tau}}$	$\dfrac{E}{R}$	$0.45\dfrac{E}{R}$	$0.37\dfrac{E}{R}$	$0.14\dfrac{E}{R}$	$0.1\dfrac{E}{R}$	$0.05\dfrac{E}{R}$	$0.01\dfrac{E}{R}$
$u_C = E\left(1 - e^{-\frac{t}{\tau}}\right)$	0	0.55E	0.63E	0.86E	0.9E	0.95E	0.99E

从该表中可以看出，当 $t = \tau$ 时，充电电流 i 恰好减小到其初始值 E/R 的 37%。因此，时间常数 τ 是瞬态过程已经变化了总变化量的 63%（余 37%）所经过的时间。时间常数 τ 越大，则充电的速度越慢，瞬态过程越长，这就是时间常数的物理意义。时间常数 τ 仅由电路参数 R 和 C 决定。所以 τ 只与 R 和 C 的乘积有关，与电路的初始状态和外加激励无关。

时间常数可用如下三种方法求取。

方法一：直接按时间常数的定义计算。电阻 R 是从电容连接端口看进去的等效电阻。

方法二：根据电容电压充电曲线，找出电容电压由初始值变化到总变化量的 63.2% 或 36.8% 时所对应的时间，如图 4.4.14（a）所示。

方法三：如图 4.4.14（b）所示，根据电容电压放电曲线，如果电容电压保持初始速度不变，达到终止时对应的时间。

【例题 2】 在如图 4.4.12 所示的电路中，已知 $E = 100\text{ V}$，$R = 1\text{ M}\Omega$，$C = 50\text{ μF}$，问当 S 闭合后经过多少时间电流 i 减小到其初始值的一半？

解：i 的初始值的一半为 $\dfrac{E}{R} \times 0.5 = 100 \times 0.5\text{ μA} = 50\text{ μA}$，将它代入 $i = \dfrac{E}{R}e^{-\frac{t}{RC}}$ 中，得

$$50 = 100\, e^{-\frac{t}{50}}$$

$$e^{-\frac{t}{50}} = 0.5$$

$$\frac{t}{50} = 0.693$$

所以
$$t = 50 \times 0.693 \approx 34.7 \text{ s}$$
即开关闭合后，经 34.7 s 时，电流 i 正好减小到其初始值 100 μA 的一半。

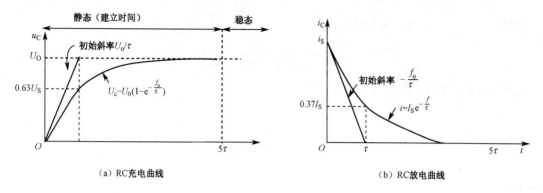

图 4.4.14　求时间常数的电路图

2. RC 电路的放电

在 RC 电路中，当电容器充电至 $u_C = E$ 以后，将电路突然短接（开关 S 由接点 1 回到接点 2），如图 4.4.15 所示，电容器就要通过电阻 R 放电。放电起始时，电容两端电压为 E，放电电流大小为 E/R。根据实验和理论推导都可以证明，电路中的电流 i、电阻上的电压 u_R 及电容上的电压 u_C 在瞬态过程中，仍然都是按指数规律变化的，直到最后电容器上电荷放尽，i、u_R 和 u_C 都等于零，即

$$i = -\frac{E}{R} e^{-\frac{t}{\tau}}$$

$$u_R = -E e^{-\frac{t}{\tau}}$$

$$u_C = E e^{-\frac{t}{\tau}}$$

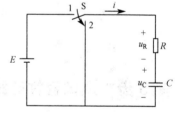

图 4.4.15　放电

式中，$\tau = RC$ 是电容器放电回路的时间常数。

u_C 和 i 随时间 t 变化的函数曲线如图 4.4.16 所示。

【例题 3】　在如图 4.4.17 所示的电路中，已知 $C=0.5$ μF，$R_1=100$ Ω，$R_2=50$ kΩ，$E=200$ V，当电容器充电至 200 V 后，将开关 S 由接点 1 转向接点 2，求初始电流、时间常数及接通后经过多长时间电容器电压降至 74 V？

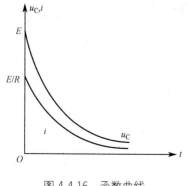

图 4.4.16　函数曲线

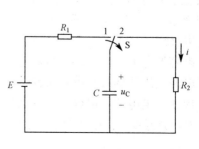

图 4.4.17　例题 3 图

解：初始电流为 $i(0_+) = \dfrac{u_C(0_+)}{R_2} = \dfrac{200}{50 \times 10^3} = 4 \times 10^{-3}\,\text{A}$

时间常数为 $\tau = R_2 C = 50 \times 10^3 \times 0.5 \times 10^{-6} = 25\,\text{ms}$

根据 $u_C = u_C(0_+)\,\mathrm{e}^{-\frac{t}{\tau}}$

$$\mathrm{e}^{-\frac{t}{\tau}} = \dfrac{u_C}{u_C(0_+)} = \dfrac{74}{200} = 0.37$$

根据表 4.4.2 得电压降至 74 V 的时间为

$$\dfrac{t}{\tau} = 1$$

$$t = \tau = 25\,\text{ms}$$

巩固提高

1. 在如图 4.4.18 所示电路中，已知 $E=12\,\text{V}$，$R_1=4\,\text{k}\Omega$，$R_2=8\,\text{k}\Omega$，开关闭合前，电容两端电压为零，求开关 S 闭合瞬间各电流及电容两端电压的初始值。

2. 电阻 $R = 100000\,\Omega$ 和电容 $C=45\,\mu\text{F}$ 串联，与 $E=100\,\text{V}$ 的直流电源接通，求：①时间常数；②最大充电电流；③接通后 0.9 s 时的电流和电容上的电压。

3. 在 RC 串联电路中，已知 $R=200\,\text{k}\Omega$，$C=5\,\mu\text{F}$，直流电源 $E=200\,\text{V}$，求：①电路接通 1 s 时的电流；②接通后经过多少时间电流减小到初始值的一半。

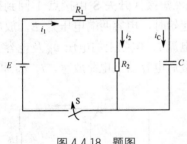

图 4.4.18　题图

第 3 步　测试容性电路参数

知识链接

如图 4.4.19 所示，把指示灯和电容器串联成一个电路，如果把它们接在直流电源上，灯不亮，说明直流电不能通过电容器。如果把它们接在交流电源上，灯就亮了，说明交流电能"通过"电容器。这是为什么呢？原来，电流实际上并没有通过电容器的电介质，只不过是在交流电压的作用下，当电源电压增高时，电容器充电，电荷向电容器的极板上集聚，形成充电电流；当电源电压降低时，电容器放电，电荷从电容器的极板上放出，形成放电电流。电容器交替进行充电和放电，电路中就有了电流，就好像交流电"通过"了电容器。

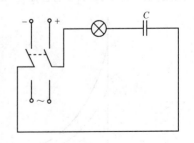

图 4.4.19　容性电路

1. 电容对交流电的阻碍作用

在如图 4.4.19 所示的实验中，如果把电容器从电路中取下来，使灯直接与交流电源相接，可以看到，灯要比接有电容器时亮得多。这表明电容对交流电也有阻碍作用。

电容对交流电的阻碍作用叫做容抗，用符号 X_C 表示，它的单位也是欧（Ω）。

容抗的大小与哪些因素有关呢？在如图 4.4.19 所示电路中，换用电容不同的电容器来做实验，可以看到，电容越大，指示灯越亮。这表明电容器的电容量越大，容抗越小。若仍用原来的电路，保持电源的电压有效值不变，而改变交流电的频率，重做实验，可以看到，频率越高，指示灯越亮。这表明交流电的频率越高，容抗越小。

为什么电容器的容抗与它的电容和交流电的频率有关呢？这是因为电容越大，在同样电压下电容器容纳的电荷越多，因此，充电电流和放电电流就越大，容抗就越小。交流电的频率越高，充电和放电就进行得越快，因此，充电电流和放电电流就越大，容抗就越小。进一步的研究指出，电容器的容抗 X_C 与它的电容 C 和交流电的频率 f 有如下的关系：

$$X_C = \frac{1}{\omega C} = \frac{1}{2\pi f C}$$

式中，X_C、f、C 的单位分别是欧（Ω）、赫兹（Hz）、法（F）。

2. 电流与电压的关系

只有电容的电路叫做纯电容电路。

下面用如图 4.4.20 所示的电路来研究纯电容电路中电流与电压之间的大小关系。改变滑动触点 P 的位置，电路两端的电压和电路中的电流都随着改变。记下几组电流、电压的值，就会发现，在纯电容电路中，电流与电压成正比，即

$$I = \frac{U}{X_C}$$

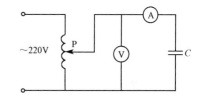

图 4.4.20 纯电容电路

这就是纯电容电路中欧姆定律的表达式。

电流和电压之间的相位关系，可以用如图 4.4.21 所示的实验来进行观察。用手摇发电机或低频交流电源给电路通低频交流电，可以看到电流表和电压表两指针摆动的步调是不同的。这表明，电容两端的电压与其中的电流不是同相的。

进一步研究这个问题可以使用示波器。把电容两端的电压和其中电流的变化输送给示波器，从荧光屏上的电流和电压的波形可以看出，电容使交流电的电流超前于电压。精确的实验可以证明，在纯电容电路中，电流比电压超前 $\pi/2$，它们的波形图和相量图如图 4.4.22 所示。

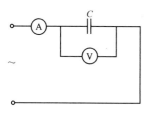

图 4.4.21 实验电路

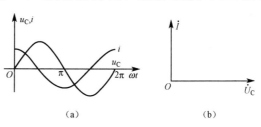

图 4.4.22 电压和电流的关系

【例题 4】 把电容量为 40 μF 的电容器接到交流电源上，通过电容器的电流为 $i = 2.75 \times \sqrt{2}\sin(314t + 30°)$ A，试求电容器两端的电压瞬时值表达式。

解：由通过电容器的电流解析式

$$i = 2.75 \times \sqrt{2}\sin(314t + 30°) \text{ A}$$

可以得到

$$I = 2.75 \text{ A}, \quad \omega = 314 \text{ rad/s}, \quad \varphi = 30°$$

电容器的容抗为

$$X_C = \frac{1}{\omega C} = \frac{1}{314 \times 40 \times 10^{-6}} = 80 \text{ Ω}$$

因此

$$U = X_C I = 80 \times 2.75 = 220 \text{ V}$$

电容器两端电压瞬时表达式为

$$u = 220\sqrt{2}\sin(314t - 60°) \text{ V}$$

巩固提高

已知加在 2 μF 的电容器上的交流电压为 $u = 220\sqrt{2}\sin 314t$ V，求通过电容器的电流，写出电流瞬时值的表达式，并画出电压和电流的相量图。

学习领域五 RLC 电路

学习目标

- 理解 RL、RC、RLC 串联电路的阻抗概念,掌握电压三角形、阻抗三角形的应用
- 了解串联谐振电路的特点,掌握谐振条件、谐振频率的计算,了解谐振曲线、通频带、品质因数
- 了解串联谐振的利用与保护,了解谐振的典型工程应用和防护措施
- 学会观察 RLC 串联电路的谐振状态,会测定谐振频率
- 了解非正弦周期波的分解方法,理解谐波的概念
- 了解并联谐振电路的特点,掌握谐振条件、谐振频率的计算
- 会测试电感器与电容器的并联谐振电路

工作任务

- 测量 RLC 的电压和两种特殊的 RLC 电路
- 识别电压三角形与阻抗三角形
- 观察 RLC 串联电路的谐振状态
- 测定串联电路的谐振频率

项目 1 串联谐振电路的制作

第 1 步 测试串联电路

学习目标

- 理解 RL 串联电路的阻抗概念,掌握电压三角形、阻抗三角形的应用
- 理解 RC 串联电路的阻抗概念,掌握电压三角形、阻抗三角形的应用
- 理解 RLC 串联电路的阻抗概念,掌握电压三角形、阻抗三角形的应用

工作任务

- 测量 RLC 的电压
- 测量两种特殊的 RLC 电路
- 电压三角形与阻抗三角形

测量 RLC 电路的电压

原理分析与知识回顾

（1）由电阻、电感和电容相串联所组成的电路，叫做 RLC_____电路，如图 5.1.1 所示。

（2）设在此电路中通过的正弦交流电流为 $i=I_m\sin\omega t$，则由欧姆定律，电阻两端的电压为 $u_R=$_____，电感两端的电压 $u_L=$_____，电容两端的电压 $u_C=$_____。

同时由整个回路可以知道，电路 A、B 两端的电压为

$$u = u_R + u_L + u_C$$

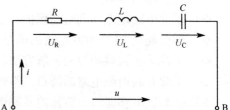

图 5.1.1 RLC 电路

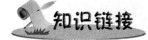

端电压与电流的相位关系

由以上分析可知，电阻两端的电压与电流同相，电感两端的电压较电流超前 90°，电容两端电压较电流落后 90°。因此，电感上的电压 u_L 与电容上的电压 u_C 是反相的，故 RLC 串联电路的性质要由这两个电压分量的大小来决定。由于串联电路中电流相等，而 $u_L=X_L I$，$u_C=X_C I$，所以，电路的性质，实际上是由 X_L 和 X_C 的大小来决定。

（1）当 $X_L>X_C$ 时，则 $U_L>U_C$。端电压应为三个电压的相量和，如图 5.1.2（a）所示。

由图可知，端电压较电流超前一个小于 90° 的 φ，电路呈电感性，称为电感性电路。端电压 u 与电流 i 的相位差为

$$\varphi = \varphi_{u0} - \varphi_{i0} = \arctan\frac{U_L - U_C}{U_R} > 0$$

（2）当 $X_L<X_C$ 时，则 $U_L<U_C$。它们的相量关系如图 5.1.2（b）所示。

由图可知，端电压较电流落后一个小于 90° 的 φ，电路呈电容性，称为电容性电路。端电压 u 与电流 i 的相位差为

$$\varphi = \varphi_{u0} - \varphi_{i0} = \arctan\frac{U_L - U_C}{U_R} < 0$$

这时 φ 为负值。

（3）当 $X_L=X_C$ 时，则 $U_L=U_C$。电感两端的电压和电容两端的电压大小相等，相位相反，故端电压就等于电阻两端的电压 $U=U_R$。端电压 u 与电流 i 的相位差为

$$\varphi = \varphi_{u0} - \varphi_{i0} = 0$$

电路呈电阻性。电路的这种状态叫做串联谐振，相量关系如图 5.1.2（c）所示。

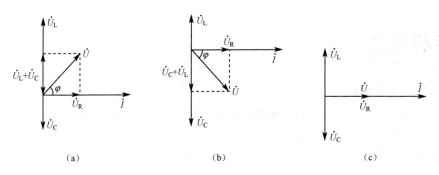

(a)　　　　　　　　　(b)　　　　　　　　(c)

图 5.1.2　端电压与电流的相位关系

端电压和电流的大小关系

从图 5.1.2 中可以看到，电路的端电压与各分电压构成一直角三角形，称为电压三角形。端电压为直角三角形的斜边。直角边由两个分量组成，一个分量是与电流相位相同的分量，也就是电阻两端的电压 U_R；另一个分量是与电流相位相差 90°的分量，也就是电感与电容两端的电压之差$|U_L-U_C|$。

由电压三角形可得到：端电压有效值与各分电压有效值的关系是相量和，而不是代数和。根据勾股定理

$$U = \sqrt{U_R^2 + (U_L - U_C)^2}$$

将 $U_R = RI$，$U_L = X_L I$，$U_C = X_C I$ 代入上式，得

$$U = \sqrt{R^2 + (X_L - X_C)^2}\, I = |Z| I$$

或

$$I = \frac{U}{|Z|}$$

这就是 RLC 串联电路中欧姆定律的表达式。式中$|Z| = \sqrt{R^2 + (X_L - X_C)^2}$ 叫做电路的阻抗，它的单位是欧（Ω）。

感抗和容抗统称为电抗，两者之差用 X 表示，即 $X = X_L - X_C$，单位为欧（Ω），故得

$$|Z| = \sqrt{R^2 + X^2}$$

将电压三角形各边同除以电流 I 可得到阻抗三角形。斜边为阻抗$|Z|$，直角边为电阻 R 和电抗 X，如图 5.1.3 所示。

$|Z|$ 和 R 两边的夹角φ也叫做阻抗角，它就是端电压和电流的相位差，即

$$\varphi = \arctan \frac{X_L - X_C}{R} = \arctan \frac{X}{R}$$

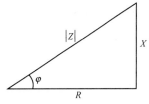

图 5.1.3　阻抗三角形

测量 RLC 电路的电压

（1）在图 5.1.1 中，若已知 $R = 60\ \Omega$，$L = 0.001\ \text{H}$，$C = 10\ \mu\text{F}$，$f = 50\ \text{Hz}$，$U = 36\ \text{V}$。请分别测量 R、L、C 两端的电压以及 u。

（2）将测量结果填入表 5.1.1 中，并与理论情况进行对比。

表 5.1.1　记录表

电压表的读数	1	2	3	4	5	6
R 两端电压						
L 两端电压						
C 两端电压						
u						

RLC 串联电路的两个特例

RLC 串联电路中的两个特例

（1）在如图 5.1.1 所示的 RLC 串联电路中，若 $X_C = 0$，则电路中电压、电流的关系如何？

（2）若电路中 $X_L = 0$，电路中电压、电流的关系又是怎样一种结果？

RL 串联电路和 RC 串联电路

（1）在图 5.1.1 中，若 $X_C = 0$，即 $U_C = 0$，这时电路就是 RL 串联电路，其相量图如图 5.1.4（a）所示。

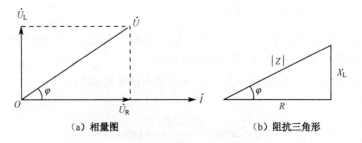

(a) 相量图　　(b) 阻抗三角形

图 5.1.4　RL 电路

端电压与电流的数值关系为
$$U = \sqrt{U_R^2 + U_L^2} = \sqrt{R^2 + X_L^2}\,I = |Z|I$$
或
$$I = \frac{U}{|Z|}$$

这就是 RL 串联电路中欧姆定律的表达式，式中 $|Z| = \sqrt{R^2 + X_L^2}$，阻抗 $|Z|$、电阻 R 和感抗 X_L 也构成一阻抗三角形，如图 5.1.4（b）所示。

（2）当电路中 $X_L=0$，即 $U_L=0$，这时电路就是 RC 串联电路，其相量图如图 5.1.5（a）所示。

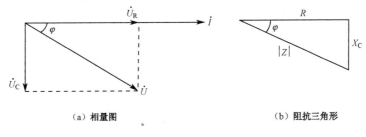

(a) 相量图　　　　　　　(b) 阻抗三角形

图 5.1.5　RC 电路

端电压与电流的数值关系为
$$U = \sqrt{U_R^2 + U_C^2} = \sqrt{R^2 + X_C^2}\,I = |Z|I$$
或
$$I = \frac{U}{|Z|}$$

这就是 RC 串联电路中欧姆定律的表达式，式中 $|Z| = \sqrt{R^2 + X_C^2}$，阻抗 $|Z|$、电阻 R 和感抗 X_C 也构成一阻抗三角形，如图 5.1.5（b）所示。

第2步　测试串联谐振电路

学习目标

- 了解串联谐振电路的特点，掌握谐振条件、谐振频率的计算，了解影响谐振曲线、通频带、品质因数
- 了解串联谐振的利用与保护，了解谐振的典型工程应用和防护措施
- 学会观察 RLC 串联电路的谐振状态，会测定谐振频率

工作任务

- 观察 RLC 串联电路的谐振状态
- 测定谐振频率

RLC 串联谐振电路

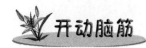

串联谐振

在电阻、电感、电容串联的电路中，当电路端电压和电流同相时，电路呈电阻性，电路的这种状态叫做串联谐振。

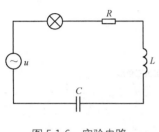

图 5.1.6　实验电路

可以先做一个简单的实验：如图 5.1.6 所示，将三个元器件 R、L 和 C 与一个小灯泡串联，接在频率可调的正弦交流电源上，并保持电源电压不变。

实验时，将电源频率逐渐由小调大，发现小灯泡也慢慢由暗变亮。当达到某一频率时，小灯泡最亮，当频率继续增加时，又会发现小灯泡又慢慢由亮变暗。小灯泡亮度随频率的改变而变化，意味着电路中的电流随频率变化。怎么解释这个现象呢？

在电路两端加上正弦电压 U，根据欧姆定律有

$$I = \frac{U}{|Z|}$$

式中，

$$|Z| = \sqrt{R^2 + (X_L - X_C)^2} = \sqrt{R^2 + \left(\omega L - \frac{1}{\omega C}\right)^2}$$

ωL 和 $\frac{1}{\omega C}$ 都是频率的函数。当频率较低时，容抗大而感抗小，阻抗 $|Z|$ 较大，电流较小；当频率较高时，感抗大而容抗小，阻抗 $|Z|$ 也较大，电流也较小。在这两个频率之间，总会有某一频率，在这个频率时，容抗和感抗恰好相等。这时阻抗最小且为纯电阻，所以，电流最大，且与端电压同相，这就发生了串联谐振。

根据上述分析，串联谐振的条件为

$$X_L = X_C$$

即

$$\omega_0 L = \frac{1}{\omega_0 C}$$

或

$$\omega_0 = \frac{1}{\sqrt{LC}}$$

$$f_0 = \frac{1}{2\pi\sqrt{LC}}$$

f_0 称为谐振频率。可见，当电路的参数 L 和 C 一定时，谐振频率也就确定了。如果电源的频率一定，可以通过调节 L 或 C 的大小来实现谐振。

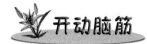

串联谐振的特点

（1）因为串联谐振时，$X_L = X_C$，故谐振时电路的阻抗为
$$|Z_0| = R$$
其阻值最小，且为纯电阻。

（2）串联谐振时，因阻抗最小，在电源电压 U 一定时，电流最大，其值为
$$I_0 = \frac{U}{|Z_0|} = \frac{U}{R}$$
由于电路呈纯阻性，故电流与电源电压相同，$\varphi = 0$。

（3）电阻两端的电压等于总电压，电感和电容两端的电压相等，其大小为总电压的 Q 倍，即
$$U_R = RI_0 = R\frac{U}{R} = U$$
$$U_L = U_C = X_L I_0 = \frac{\omega_0 L}{R} U = \frac{1}{\omega_0 CR} U = QU$$

式中，Q 称为串联谐振电路的品质因数，其值为
$$Q = \frac{\omega_0 L}{R} = \frac{1}{\omega_0 CR}$$

谐振电路中的品质因数，一般可达 100 左右。可见，电感和电容上的电压比电源电压大很多倍，故串联谐振也叫电压谐振。线圈的电阻越小，电路消耗的能量也越小，则表示电路品质好，品质因数高；若线圈的电感 L 越大，储存的能量也就越多，而损耗一定时，同样也说明电路品质好，品质因数高。所以，在电子技术中，由于外来信号微弱，常常利用串联谐振来获得一个与信号电压频率相同，但大很多倍的电压。

（4）谐振时，电能仅供给电路中电阻消耗，电源与电路间不发生能量转换，而电感与电容间进行着磁场能和电场能的转换。

串联谐振的应用及谐振电路的选择性

1. 串联谐振的应用

在收音机中，常利用串联谐振电路来选择电台信号，这个过程叫调谐，如图 5.1.7（a）所示，图 5.1.7（b）是它的等效电路。

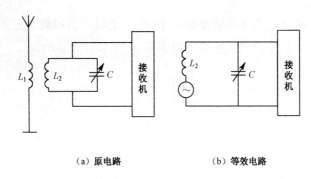

(a) 原电路　　　　　　(b) 等效电路

图 5.1.7　调谐电路

当各种不同频率信号的电波在天线上产生感应电流时，电流经过线圈 L_1 感应到线圈 L_2。如果 L_2C 回路对某一信号频率发生谐振时，回路中该信号的电流最大，则在电容器两端产生一个高于该信号电压 Q 倍的电压 U_C。而对于其他各种频率的信号，因为没有发生谐振，在回路中电流很小，从而被电路抑制掉。所以，可以改变电容器的电容 C，以改变回路的谐振频率来选择所需要的电台信号。

2. 谐振电路的选择性

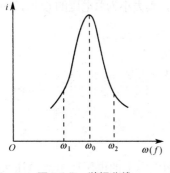

图 5.1.8　谐振曲线

由上面的分析可以看出，串联谐振电路具有"选频"的本领。如果一个谐振电路，能够有效地从邻近的不同频率中选择出所需要的频率，而相邻的不需要的频率，对它产生的干扰影响很小，就说这个谐振电路的选择性好，也就是说它具有较强的选择信号的能力。

如果以角频率 ω（或 f）作为自变量，把回路电流 i 作为它的函数，绘制成函数曲线，就得到如图 5.1.8 所示的谐振曲线。显然，谐振曲线越陡，选择性越好。那么谐振电路选择性的好坏由什么因素决定呢？

在 RLC 串联电路中，设端电压为 U，阻抗为 $|Z|$，则

$$I = \frac{U}{|Z|} = \frac{U}{\sqrt{R^2 + \left(\omega L - \dfrac{1}{\omega C}\right)^2}}$$

$$= \frac{U}{\sqrt{R^2 + \left(\dfrac{\omega}{\omega_0}\omega_0 L - \dfrac{\omega_0}{\omega}\dfrac{1}{\omega_0 C}\right)^2}}$$

$$= \frac{U}{\sqrt{R^2 + (\omega_0 L)^2 \left(\dfrac{\omega}{\omega_0} - \dfrac{\omega_0}{\omega}\right)^2}}$$

$$= \frac{U}{R\sqrt{1 + \left(\dfrac{\omega_0 L}{R}\right)^2 \left(\dfrac{\omega}{\omega_0} - \dfrac{\omega_0}{\omega}\right)^2}}$$

式中，$\dfrac{\omega_0 L}{R} = \dfrac{1}{\omega_0 CR} = Q$，$\dfrac{U}{R} = I_0$，所以

$$I = \dfrac{I_0}{\sqrt{1 + Q^2 \left(\dfrac{\omega}{\omega_0} - \dfrac{\omega_0}{\omega}\right)^2}}$$

上式表明了 RLC 串联回路中的电流 I 和角频率 ω 的函数关系，对于一个给定的电路来说，谐振电流 I_0 是一个常数。因此，从式中可看出，电流对频率的变化关系与品质因素 Q 有关。下面给出几个不同的 Q 值，例如，取 Q 为 10、50、100 等，并将上式改写成以下的形式：

$$\dfrac{I}{I_0} = \dfrac{1}{\sqrt{1 + Q^2 \left(\dfrac{\omega}{\omega_0} - \dfrac{\omega_0}{\omega}\right)^2}}$$

从而画出 I/I_0 随 ω/ω_0 的变化曲线，如图 5.1.9 所示。可以看出 Q 值越高，在一定的频率偏离下，电流衰减得越厉害，其谐振曲线越陡。因此，在电子技术中，常用品质因数 Q 值的高低来体现选择性的好坏。

在谐振电路中，Q 值是不是越高越好呢？对这个问题要进行全面的分析。在电子技术中，所传输的信号往往不是具有单一频率的信号，而是包含着一个频率范围，称为频带。例如，广播电台播放的音乐节目，频带宽度可达十几千赫。为了保证收音机不失真地重现原来的节目，就要求调谐回路具有足够宽的频带。若 Q 值过高，就会使一部分需要传输的频率被抑制掉，造成信号失真。

事实上，要想在规定的频带内，使信号电流都等于谐振电流 I_0 是不可能的。在电子技术中规定，当回路外加电压的幅值不变时，回路中产生的电流不小于谐振值的 $1/\sqrt{2} = 0.707$ 倍的一段频率范围，称为谐振电路的通频带，简称带宽。通频带用 Δf 表示，即 $\Delta f = f_2 - f_1$。

式中，f_1、f_2 是通频带低端和高端频率，如图 5.1.10 所示。可以证明

$$\Delta f = \dfrac{f_0}{Q}$$

由以上分析可看出，增大谐振电路的品质因数 Q，可以提高电路的选择性，但却使通频带变窄了，接收的信号就容易失真。所以，两者是矛盾的。在实际应用中，如何处理这两者的关系，应对具体问题具体分析，可以有所侧重，也可以两者兼顾。

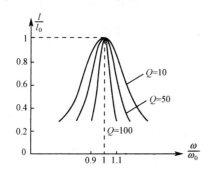

图 5.1.9　Q 值不同的谐振曲线

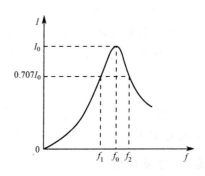

图 5.1.10　通频带

串联谐振电路实验

实验仪器及设备的准备

- ✧ 低频信号发生器，1 台；
- ✧ 晶体管毫伏表，1 块；
- ✧ 500 Ω滑线电阻器，1 个；
- ✧ 电感线圈，1 个；
- ✧ 定值电容，1 个。

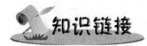

实验原理与说明

1. 谐振频率与阻抗

RLC 串联电路如图 5.1.11 所示。当给电路加上一正弦交流电压，电路中的电流有效值为：

$$I = \frac{U}{\sqrt{R^2 + (X_L - X_C)^2}}$$

式中，电抗 $X = X_L - X_C$，是频率的函数。

当电源的频率由低向高变化时：感抗 X_L 由小变大，容抗 X_C 由大变小。当电源频率 $f = f_0$ 时，感抗 X_L 正好与容抗 X_C 相等，电抗：

$$X = 2\pi f_0 L - \frac{1}{2\pi f_0 C} = 0$$

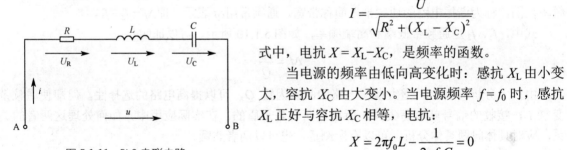

图 5.1.11 RLC 串联电路

电路这时的工作状态称为谐振。由于谐振发生在 RLC 串联电路中，所以称为串联谐振。f_0 称为谐振频率。根据上述条件，谐振频率：

$$f_0 = \frac{1}{2\pi\sqrt{LC}}$$

可见，要使电路满足谐振条件，可以通过改变 L、C 或 f 来实现。谐振时，由于 $X_L - X_C = 0$，电路总阻抗 $Z = R$，电路中电流达到最大值，$I = U/R$。

2. 谐振曲线及 Q 值

如果保持电源电压有效值 U 和电路参数 R、L、C 不变，改变电源的频率 f，便可得到电流的谐振曲线，如图 5.1.12 所示。

将串联电路中的 R 值减少，曲线的幅度增大，曲线趋势尖锐；R 值增大，曲线的幅度减少，曲线趋势平缓。为了反映 R 值对谐振电路的影响，X_L、X_C 与 R 之比，定义为电路的品质因数，用 Q 表示：

$$Q = \frac{2\pi fL}{R} = \frac{1}{2\pi fCR}$$

Q 值是衡量谐振电路特性的一个重要参数。

根据串联谐振电路的特点，电感和电容上的电压分别为：

$$U_L = X_L I = QRI = QU$$
$$U_C = X_C I = QRI = QU$$

即电路谐振时，电感或电容上的电压比总电压高 Q 倍。由于 $Q \gg 1$，电感或电容上的电压要比总电压大很多倍，所以串联谐振又称电压谐振。电压谐振在电信工程上是十分有利的，常常用于选频。当有很多不同频率的电信号作用在电路上时，只有 $f=f_0$ 的频率信号发生谐振，在电感或电容上的电压比其他频率信号高很多倍，因此，可以利用电压谐振电路将 f_0 信号与其他信号分离，如图 5.1.13 所示。

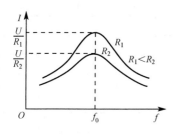

图 5.1.12 电流谐振曲线

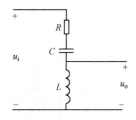

图 5.1.13 信号分离电路

电压谐振也有其不利的一面，在电力工程上如发生谐振，将会把电容或电感的绝缘击穿，造成设备损坏事故。因此，在电力工程上尽力远离谐振点，避免发生电压谐振。

实验内容与步骤

1．测试电路的谐振点

实验电路如图 5.1.14 所示。信号发生器选用功率输出，输出电压保持 4 V，电子毫伏表旋到 10 V 挡，校零待用。R 在 50～500 Ω之间取值。

改变信号发生器输出频率，用晶体管毫伏表监视电阻两端电压。当电压达到最大值（信号发生器的频率增高或降低时电压都有所下降），此电压就是谐振电压。信号发生器此时的频率就是谐振频率 f_0。用晶体管毫伏表分别测量出电阻、电感和电容两端的电压 U_R、U_L 和 U_C，记入表 5.1.2 中。

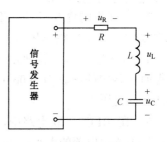

图 5.1.14 实验电路

表 5.1.2　记录表

项目	给定值		测量值				计算值	
	U/V	R/Ω	f_0/Hz	U_R/V	U_L/V	U_C/V	I_0/mA	Q
数据								

2．测量电流谐振曲线

（1）R 的阻值不变，谐振点测出后，在谐振点高端和低端各取 4 个测量点。为了方便作图，谐振点附近的点选密一些，远离谐振点的点选疏一些。每测量一个点都将测量值 f、U_R、U_L 和 U_C 填入表 5.1.3 中。

（2）改变 R 的阻值，重复上述测量过程，并将各测量值填入表 5.1.3 中。

表 5.1.3　记录表

测次 频率			5	4	3	2	$1/f_0$	6	7	8	9
		f/Hz									
$L=$	测	U_R/V									
$C=$	量	U_L/V									
$R=$	值	U_C/V									
$U=$	计算值	I/mA									
$L=$	测	U_R/V									
$C=$	量	U_L/V									
$R=$	值	U_C/V									
$U=$	计算值	I/mA									

巩固提高

1．电感对交流电的阻碍作用叫做_____，交流电频率越高，这种阻碍作用_____；电容对交流电的阻碍作用叫做_____，交流电频率越高，这种阻碍作用_____。

2．在 RLC 串联电路中，已知电流为 5 A，$R=30$ Ω，$X_L=40$ Ω，$X_C=80$ Ω，那么电路的阻抗为_____，该电路称为_____性电路。电阻上消耗的功率为_____，无功功率为_____；电容上消耗的功率为_____，无功功率为_____。

3．收音机的输入调谐回路为 RLC 串联谐振电路，当电容为 160 pF，电感为 250 uH，电阻为 20 Ω时，求谐振频率和品质因数。

4．在 RLC 串联谐振回路中，已知电感 $L=40$ μH，电容 $C=40$ pF，电路的品质因数 $Q=60$，谐振时电路中的电流为 0.06 A。求此时谐振回路的：①谐振频率；②电路端电压；③电感和电容两端的电压。

5．在 RLC 串联电路中，已知 $R=300$ Ω，$L=1.65$ H，电路端电压 $u=220\sqrt{2}\sin 100\pi t$ V。求：①电路中电流的大小；②电路的功率因数。

6．把一个电阻为 20 Ω，电感为 48 mH 的线圈接到 $u=110\sqrt{2}\sin(314t+\pi/2)$ V 的交流电源上，求：①线圈中电流的大小；②写出电流的解析式；③作出电流和端电压的相量图。

项目 2 并联谐振电路的制作

学习目标

◇ 了解非正弦周期波的分解方法，理解谐波的概念
◇ 了解并联谐振电路的特点，掌握谐振条件、谐振频率的计算
◇ 会测试电感器与电容的并联谐振电路

工作任务

◇ 认识非正弦周期波
◇ 制作并联谐振电路
◇ 了解并联谐振电路的谐振条件，计算谐振频率

第 1 步 认识非正弦周期波

在本书前面的交流电路中，涉及的电压与电流几乎都是按正弦规律变化的。但是，在电子技术中还经常遇到不按正弦规律做周期性变化的电流或电压，称为非正弦周期电流或电压。

产生非正弦周期电流的原因很多，如有的设备采用产生非正弦周期电流的特殊电源（称为脉冲信号源）。例如，图 5.2.1 给出的几种非正弦周期电流就是由脉冲信号源产生的，三个波形分别是矩形波、锯齿波和尖顶脉冲。

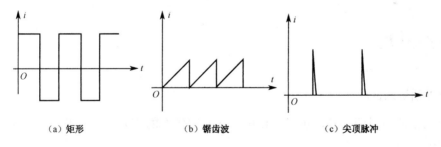

(a) 矩形　　　　　(b) 锯齿波　　　　　(c) 尖顶脉冲

图 5.2.1 非正弦周期电流

另外，当电路里有不同频率的电源共同作用时，也会产生非正弦周期电流。例如，将一个频率为 50 Hz 的正弦电压，与另一个频率为 100 Hz 的正弦电压加起来，就得到了一个非正弦的周期电压。

若电路中存在非线性元器件，即使电源是正弦的，也会产生非正弦周期电流。如图 5.2.2 所示的二极管整流电路就是这样，加在整流电路输入端的电压是正弦的，在正半周时二极管 V_1 导通，V_2 截止，这时负载两端的电压是正的；当电压为负半周时，二极管 V_2 导通，V_1 截止，这时负载两端电压也是正的。因此在负载上所输出的电压已不再是原来的正弦电压，而变为非正弦周期电压。这种非正弦周期电压的波形叫做正弦整流全波。

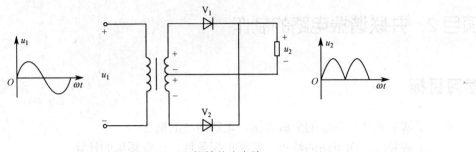

图 5.2.2 二极管整流电路

非正弦周期电流产生的原因

非正弦周期电流产生的原因很多，通常有以下三种情况。

（1）采用非正弦交流电源。如方波发生器、锯齿波发生器等脉冲信号源，输出的电压就是非正弦周期电压。

（2）同电路中有不同频率的电源共同作用。

（3）电路中存在非线性元器件。

非正弦周期量的谐波分解

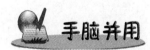

非正弦周期量的合成

一个非正弦波的周期信号，可以看作由一些不同频率的正弦波信号叠加的结果，这个过程称为谐波分析。

将两个音频信号发生器串联，如图 5.2.3 所示，把 e_1 的频率调到 100 Hz，e_2 的频率调到 300Hz，则 e_1 和 e_2 合成后的波形如图 5.2.4 所示。

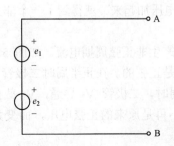

图 5.2.3　两个音频信号发生器串联

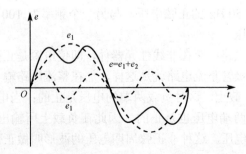

图 5.2.4　合成后的波形

非正弦周期量的分解

由上可知，两个频率不同的正弦波可以合成一个非正弦波。反之，一个非正弦波也可分解成几个不同频率的正弦波。

由图 5.2.4 可见，总的电源电动势为 $E_{1m}\sin(\omega t)+E_{2m}\sin(3\omega t)$

$$e=e_1+e_2=E_{1m}\sin(\omega t)+E_{2m}\sin(3\omega t)$$

式中，e_1 和 e_2 叫做非周期信号的谐波分量。

e_1 的频率与非正弦波的频率相同，称为非正弦波的基波或一次谐波；e_2 的频率为基波的三倍，称为三次谐波。谐波分量的频率是基波的几倍，就称它为几次谐波。非正弦波含有的直流分量，可以看作频率为零的正弦波，叫零次谐波。

非正弦波用谐波分量表示的一般形式为：

$$f(t)=A_0+A_{1m}\sin(\omega t+\varphi_0)+A_{2m}\sin(2\omega t+\varphi_1)+\ \ +A_{km}\sin(k\omega t+\varphi_k)$$

式中 A_0 —— 零次谐波（直流分量）；

$A_{1m}\sin(\omega t+\varphi_0)$ —— 基波（交流分量）；

$A_{2m}\sin(2\omega t+\varphi_1)$ —— 二次谐波（交流分量）；

$A_{km}\sin(k\omega t+\varphi_k)$ —— k 次谐波（交流分量）。

谐波分析就是对一个已知的波形信号，求出它所包含的多次谐波分量，并用谐波分量的形式表示。

第 2 步 测试电感器与电容器的并联谐振电路

RLC 并联电路

由电阻、电感和电容并联组成的电路叫做 RLC 并联电路，如图 5.2.5 所示。在 AB 两端加上一个正弦交流电压

$$u=U_m\sin\omega t$$

那么，各支路上的电流分别为

$$i_R=I_{Rm}\sin\omega t,\quad I_R=\frac{U}{R}$$

$$i_L=I_{Lm}\sin\left(\omega t-\frac{\pi}{2}\right),\quad I_L=\frac{U}{X_L}$$

$$i_C=I_{Cm}\sin\left(\omega t+\frac{\pi}{2}\right),\quad I_C=\frac{U}{X_C}$$

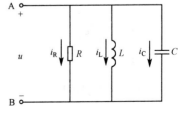

图 5.2.5 RLC 并联电路

电路中任一瞬间总电流的值等于各个支路电流瞬时值之和，即
$$i = i_R + i_L + i_C$$

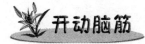

总电流与电压的相位关系

同样是根据电压与电流的相位差为正、为负、为零三种情况，将电路分为以下三种性质。

（1）感性电路：当 $B < 0$ 时，即 $B_C < B_L$，或 $X_C > X_L$，$\varphi > 0$，电压 u 比电流 i 超前φ，称电路呈感性。

（2）容性电路：当 $B > 0$ 时，即 $B_C > B_L$，或 $X_C < X_L$，$\varphi < 0$，电压 u 比电流 i 滞后$|\varphi|$，称电路呈容性。

（3）谐振电路：当 $B = 0$ 时，即 $B_L = B_C$，或 $X_C = X_L$，$\varphi = 0$，电压 u 与电流 i 同相，称电路呈电阻性。

值得注意：在 RLC 串联电路中，当感抗大于容抗时电路呈感性；而在 RLC 并联电路中，当感抗大于容抗时电路却呈容性。当感抗与容抗相等时（$X_C = X_L$）两种电路都处于谐振状态。

总电流和电压的大小关系

设电路中电压为 $u = U_m \sin(\omega t)$，则根据 R、L、C 的基本特性可得各元器件中的电流：

$$i_R = \frac{U_m}{R}\sin(\omega t)，\quad i_L = \frac{U_m}{X_L}\sin\left(\omega t - \frac{\pi}{2}\right)，\quad i_C = \frac{U_m}{X_C}\sin\left(\omega t + \frac{\pi}{2}\right)$$

根据基尔霍夫电流定律，在任一时刻总电流 i 的瞬时值为 $i = i_R + i_L + i_C$，作出相量图，如图 5.2.6 所示，并得到各电流之间的大小关系。

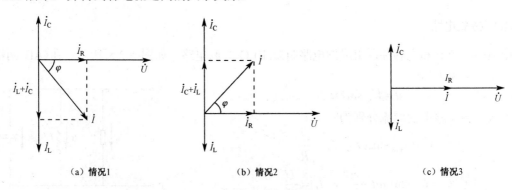

图 5.2.6　相量图

从相量图中不难得到

$$I = \sqrt{I_R^2 + (I_C - I_L)^2} = \sqrt{I_R^2 + (I_L - I_C)^2}$$

上式称为电流三角形关系式。

在 RLC 并联电路中，有

$$I_R = \frac{U}{R} = GU, \quad I_L = \frac{U}{X_L} = B_L U, \quad I_C = \frac{U}{X_C} = B_C U$$

其中，$B_L = \frac{1}{X_L}$，叫做感纳，$B_C = \frac{1}{X_C}$ 叫做容纳，单位均为西门子（S）。于是

$$I = \sqrt{I_R^2 + (I_C - I_L)^2} = U\sqrt{G^2 + (B_C - B_L)^2}$$

令 $|Y| = \frac{I}{U}$，则

$$|Y| = \sqrt{G^2 + (B_C - B_L)^2} = \sqrt{G^2 + B^2}$$

上式称为导纳三角形关系式。式中，$|Y|$ 叫做 RLC 并联电路的导纳，其中 $B = B_C - B_L$，叫做电纳，单位均是西门子（S）。导纳三角形的关系如图 5.2.7 所示。

电路的等效阻抗为

$$|Z| = \frac{U}{I} = \frac{1}{|Y|} = \frac{1}{\sqrt{G^2 + B^2}}$$

由相量图可以看出总电流 i 与电压 u 的相位差为

$$\varphi' = \varphi_{i0} - \varphi_{u0} = \arctan \frac{B_C - B_L}{G} = \arctan \frac{B}{G}$$

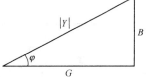

图 5.2.7　导纳三角形的关系

式中，φ' 叫做导纳角。

由于阻抗角 φ 是电压与电流的相位差，因此有 $\varphi = -\varphi' = -\arctan \frac{B}{G}$。

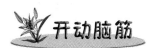

RLC 并联电路的两个特例

在讨论 RLC 并联电路的基础上，容易分析 RL 并联和 RC 并联电路的电流情况，只要将 RLC 并联电路中的电容开路（$I_C = 0$），即可获得 RL 并联电路；若将 RLC 并联电路中的电感开路（$I_L = 0$），即可获得 RC 并联电路。有关 RLC 并联电路的公式对这两种电路也完全适用。

电感器与电容器的并联谐振电路

电感线圈和电容的并联电路

实际电感与电容并联，可以构成 LC 并联谐振电路（通常称为 LC 并联谐振回路），由于实

际电感可以看成一只电阻 R（叫做线圈导线铜损电阻）与一理想电感 L 相串联，所以 LC 并联谐振回路为 RL 串联再与电容 C 并联，如图 5.2.8 所示。

电容 C 支路的电流为

$$I_C = \frac{U}{X_C} = \omega C U$$

电感线圈 RL 支路的电流为

$$I_1 = \frac{U}{\sqrt{R^2 + X_L^2}} = \sqrt{I_{LR}^2 + I_{LL}^2}$$

式中，I_{1R} 是 I_1 中与支路端电压同相的分量，I_{1L} 是 I_1 中与支路端电压正交（垂直）的分量，如图 5.2.9 所示。

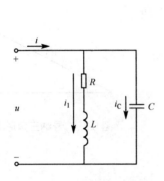
图 5.2.8 LC 并联谐振电路

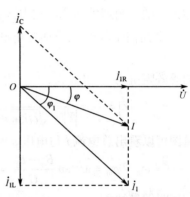
图 5.2.9 I_1 的分量

由相量图可求得电路中的总电流为

$$I = \sqrt{I_{LR}^2 + (I_{1L} - I_C)^2}$$

支路端电压与总电流的相位差（即阻抗角）为

$$\varphi = -\arctan\frac{I_{1L} - I_C}{I_{1R}}$$

由此可知：如果当电源频率为某一数值 f_0，使得 $I_{1L} = I_C$，则阻抗角 $\varphi = 0$，支路端电压与总电流同相，即电路处于谐振状态。

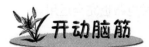

电感线圈和电容器的并联谐振电路分析

1. 谐振频率

对 LC 并联谐振是建立在 $Q_0 = \frac{\omega_0 L}{R} \gg 1$ 条件下的，即电路的感抗 $X_L \gg R$，Q_0 叫做谐振回路的空载 Q 值，实际电路一般都满足该条件。

理论上可以证明 LC 并联谐振角频率 ω_0 与频率 f_0 分别为

$$\omega_0 \approx \frac{1}{\sqrt{LC}}, \quad f_0 \approx \frac{1}{2\pi\sqrt{LC}}$$

2．谐振阻抗

谐振时电路阻抗达到最大值，且呈电阻性。谐振阻抗为

$$|Z_0| = R(1+Q_0^2) \approx Q_0^2 R = \frac{1}{CR}$$

3．谐振电流

电路处于谐振状态，总电流为最小值

$$I_0 = \frac{U}{|Z_0|}$$

谐振时 $X_{L0} \approx X_{C0}$，则电感 L 支路电流 I_{L0} 与电容 C 支路电流 I_{C0} 为

$$I_{L0} \approx I_{C0} = \frac{U}{X_{C0}} \approx \frac{U}{X_{L0}} = Q_0 I_0$$

即谐振时各支路电流为总电流的 Q_0 倍，所以 LC 并联谐振又叫做电流谐振。

当 $f \neq f_0$ 时，称电路处于失谐状态，对于 LC 并联电路来说，若 $f < f_0$，则 $X_L < X_C$，电路呈感性；若 $f > f_0$，则 $X_L > X_C$，电路呈容性。

4．通频带

理论分析表明，并联谐振电路的通频带为

$$B = f_2 - f_1 = \frac{f_0}{Q_0}$$

频率 f 在通频带以内（即 $f_1 \leqslant f \leqslant f_2$）的信号，可以在并联谐振回路两端产生较大的电压，而频率 f 在通频带以外（即 $f < f_1$ 或 $f > f_2$）的信号，在并联谐振回路两端产生很小的电压，因此并联谐振回路也具有选频特性。

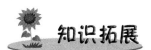

并联谐振的应用

并联谐振电路的特性为人们提供了选择信号与频带、变换阻抗等用途。下面，通过简单的例子来说明它的应用。

图 5.2.10 所示是由包括有 f_0 的多频率信号电源、固定内阻 R_0 和 LC 回路所组成的串联电路。

若要使 LC 回路两端得到频率为 f_0 的信号电压，则必须调节回路中的电容 C，使 LC 回路在频率 f_0 处谐振，这样 LC 回路对 f_0 信号呈现的阻抗最大，并为电阻性。根据串联电路的特点可知，各电阻上的电压分配是与电阻的大小成正比的，故 f_0 信号的电压将在 LC 回路两端有最大值，而其他频率信号的电压，

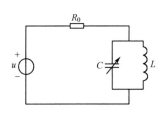

图 5.2.10 示例电路

由于 LC 回路失谐后的阻抗小于谐振时的阻抗，故在它两端所分的电压将小于 f_0 信号的电压。因此，可在 LC 回路两端得到所需要的信号电压。改变回路中电容 C 的值，可以得到不同频率的信号电压。

1．什么叫正弦周期波？什么叫谐波？
2．正弦周期波是如何进行分解的？
3．怎样理解并联谐振电路的特点？
4．电感器与电容并联谐振电路的谐振条件是什么？
5．在图 5.2.8 所示的并联谐振电路中，若已知电阻为 50 Ω，电感为 0.25 mH，电容为 10 pF，求电路的谐振频率。

学习领域六 三相交流电路

学习目标

- 理解互感的概念,了解互感在工程技术中的应用,能解释影响互感的因素;了解磁屏蔽的概念及其在工程技术中的应用
- 理解同名端的概念,了解同名端在工程技术中的应用,能解释影响同名端的因素
- 了解变压器的电压比、电流比和阻抗变换
- 了解负载获得最大功率的条件及其应用
- 了解单相调压器的结构和使用
- 了解三相正弦对称电源的概念,理解相序的概念
- 了解电源星形连接的特点,能绘制其电压矢量图
- 了解我国电力系统的供电制
- 了解星形连接方式下三相对称负载线电流、相电流和中性线电流的关系,了解对称负载与不对称负载的概念,以及中性线的作用
- 了解对称三相电路功率的概念与计算

工作任务

- 三相对称负载星形连接电压、电流的测量实验:观察三相星形负载在有、无中性线时的运行情况,测量相关数据,并进行比较。

项目1 制作模拟三相交流电源

第1步 感知互感现象

学习目标

- 理解互感的概念,了解互感在工程技术中的应用,能解释影响互感的因素
- 了解磁屏蔽的概念及其在工程技术中的应用

工作任务

- 观察互感现象
- 测试互感系数

楞次定律知识回顾

（1）楞次定律指出：由_____产生的磁场总是_____的变化。

（2）当线圈中磁通要增加时，感生电流的磁场方向与原磁通方向_____；当线圈中磁通要减少时，感生电流的磁场方向与原磁通方向_____。

观察互感现象

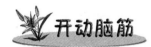

原理分析

按图 6.1.1 连接电路，开关 S 闭合，将铁芯慢慢地从线圈中抽出和插入，观察 LED 亮度及各电表读数变化。改变两个线圈的相对位置，观察 LED 亮度及各电表读数的变化，填入表 6.1.1 中。

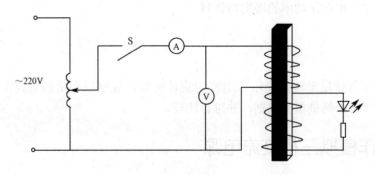

图 6.1.1 互感现象

表 6.1.1 记录表

项目 铁芯情况	LED 亮度变化情况	
	LED 亮度	LED 亮度变化的原因
抽出铁芯		
插入铁芯		

互感现象

(1) 增加线圈 L_1 和线圈 L_2 之间的距离,观察 LED 的亮度变化。
(2) 取出铁芯,观察 LED 的亮度变化。
(3) 分析互感与什么有关。

互感现象

线圈 L 中有电流 i_1 时:L_1 中有 Φ_{11}、Ψ_{11}($\Psi_{11}=N_1\Phi_{11}=L_1I_1$),$L_2$ 中有 Φ_{21}、Ψ_{21}($\Psi_{21}=N_2\Phi_{21}$)。
线圈 L 中的电流 i_1 变化时:

Ψ_{11} 变化,自感电动势

$$E_{L1} = \frac{\Delta \Psi_{11}}{\Delta t}$$

Ψ_{21} 也变化,互感电动势

$$E_{M2} = \frac{\Delta \Psi_{21}}{\Delta t}$$

同理,当线圈 2 中电流 i_2 变化时,线圈 L 中也产生互感电动势

$$E_{M1} = \frac{\Delta \Psi_{12}}{\Delta t}$$

互感现象:当一个线圈中电流发生变化时,在另一个线圈中将要产生感生电动势,这种现象叫互感现象。产生的感应电动势叫互感电动势。

测试互感系数

用直流通断法测量两个互感线圈的自感 L_1、L_2 和互感 M。
(1) 先用万用表测出两串联线圈总电阻 R。
(2) 按图 6.1.2 连接电路。闭合开关 S,读出线圈 A 和 B 正向串联时,功率表、电压表和电流表的值,记入表 6.1.2 中。
(3) 将线圈换接成反向串联,重复上述测量过程。
(4) 改变调压器输出,重复上述实验。每种情况取三组数据,记录下 P、U 和 I 值于表 6.1.2 中。

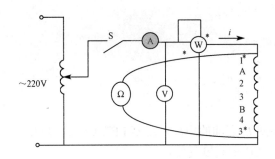

6.1.2 测试互感系数

表 6.1.2 记录表

连接方法	测量次数	电表读数			计算数值					平均值		
		P	U	I	L_s	L_r	L_1	L_2	L_3	L_1	L_2	M
顺向连接	1											
	2											
	3											
反向连接	1											
	2											
	3											

知识链接

互感系数

如图 6.1.3 所示，N_1、N_2 分别为两个线圈的匝数。当线圈 I 中有电流通过时，产生的自感磁通为 Φ_{11}，自感磁链为 $\Psi_{11} = N_1\Phi_{11}$。Φ_{11} 的一部分穿过了线圈 II，这一部分磁通称为互感磁通 Φ_{21}。同样，当线圈 II 通有电流时，它产生的自感磁通 Φ_{22} 有一部分穿过了线圈 I，为互感磁通 Φ_{12}。

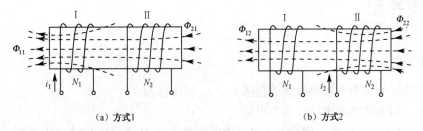

(a) 方式1　　　　(b) 方式2

图 6.1.3 互感系数

设磁通 Φ_{21} 穿过线圈 II 的所有各匝，则线圈 II 的互感磁链

$$\Psi_{21} = N_2\Phi_{21}$$

由于 Ψ_{21} 是线圈 I 中电流 i_1 产生的，因此 Ψ_{21} 是 i_1 的函数，即
$$\Psi_{21} = M_{21} i_1$$
式中，M_{21} 称为线圈 I 对线圈 II 的互感系数，简称互感。

同理，互感磁链 $\Psi_{12} = N_1 \Phi_{12}$ 是由线圈 II 中的电流 i_2 产生的，因此它是 i_2 的函数，即
$$\Psi_{12} = M_{12} i_2$$
可以证明，当只有两个线圈时，有
$$M = M_{21} = \frac{\Psi_{21}}{i_1} = \frac{\Psi_{12}}{i_2} = M_{12}$$

在国际单位制中，互感 M 的单位为亨利（H）。

互感 M 取决于两个耦合线圈的几何尺寸、匝数、相对位置和媒介质。当媒介质是非铁磁性物质时，M 为常数。

知识链接

磁屏蔽

在电子技术中，很多地方要利用互感，但有些地方要避免互感现象，防止出现干扰和自激。例如，仪器中的变压器或其他线圈所产生的漏磁通，可能会影响某些元器件的正常工作，出现干扰和自激，因此必须将这些元器件屏蔽起来，使其免受外界磁场的影响，这种措施叫磁屏蔽。

最常用的屏蔽措施就是利用软磁性材料制成屏蔽罩将需要屏蔽的元器件放在罩内。因为铁磁性材料的磁导率比空气的磁导率高许多倍，因此，铁壁的磁阻比空气的磁阻小得多，外界磁场的磁通在磁阻小的铁壁中通过，而进入屏蔽罩内的磁通很少，从而起到磁屏蔽的作用。对高频变化的磁场，常用铜或铝等导电性能良好的金属制成屏蔽罩。

在装配元器件时，将相邻的两个线圈互相垂直放置，这时第一个线圈所产生的磁通不穿过第二个线圈，如图 6.1.4（a）所示；而第二个线圈产生的磁通穿过第一个线圈时，线圈上半部和线圈下半部磁通的方向正好相反，如图 6.1.3（b）所示。因此，所产生的互感电动势也相互抵消，从而起到消除互感的作用。

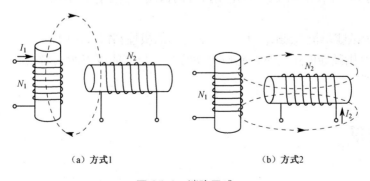

(a) 方式1　　　　　　　　　　(b) 方式2

图 6.1.4　消除互感

第2步 互感线圈同名端的判断

学习目标

- 理解同名端的概念，了解同名端在工程技术中的应用，能解释影响同名端的因素
- 了解变压器的电压比、电流比和阻抗变换
- 了解负载获得最大功率的条件及其应用
- 了解单相调压器的结构和使用

工作任务

- 测试两个互感线圈的同名端
- 测量变压器的参数
- 分析负载电阻与电源之间的关系

知识链接

互感线圈的同名端

在电子电路中，对两个或两个以上的有电磁耦合的线圈，常常需要知道互感电动势的极性。

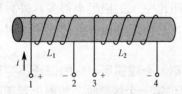

图 6.1.5 互感线圈的极性

如图 6.1.5 所示，两个线圈 L_1、L_2 绕在同一个圆柱形铁棒上，L_1 中通有电流 i。

（1）当 i 增大时，它所产生的磁通 Φ_1 增加，L_1 中产生自感电动势，L_2 中产生互感电动势，这两个电动势都是由于磁通 Φ_1 的变化引起的。根据楞次定律可知，它们的感应电流都要产生与磁通 Φ_1 相反的磁通，以阻碍原磁通 Φ_1 的增加，由安培定则可确定 L_1、L_2 中感应电动势的方向，即电源的正、负极，可知端点 1 与 3、2 与 4 极性相同。

（2）当 i 减小时，L_1、L_2 中的感应电动势方向都反了过来，但端点 1 与 3、2 与 4 极性仍然相同。

（3）无论电流从哪端流入线圈，1 与 3、2 与 4 的极性都保持相同。

这种在同一变化磁通的作用下，感应电动势极性相同的端点叫同名端，感应电动势极性相反的端点叫异名端。

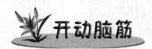
开动脑筋

1. 用楞次定律判断同名端

如图 6.1.6 所示，互感线圈 L_1 和 L_2 绕向_____（相同/相反），则端 1 与_____为

同名端；线圈 L_1 和 L_3 绕向_____（相同/相反），则端 1 与_____为同名端。所以这三个互感线圈的同名端为_____、_____、_____或者为_____、_____、_____。

2．同名端的表示法

在电路中，一般用"•"表示同名端，如图 6.1.7 所示。

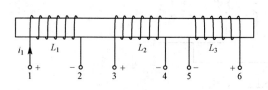

图 6.1.6　判断同名端

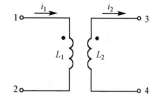

图 6.1.7　正同名端表示法

手脑并用

1．测试两个互感线圈的同名端

1）直流法

按图 6.1.8 连接电路，观察开关 S 接通和断开的瞬间，检查电流计指针的偏转方向，并记录于表 6.1.3 中。

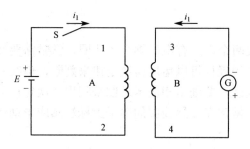

图 6.1.8　直流法

表 6.1.3　记录表

开关 S 状态	电表指示方向	同　名　端

如图 6.1.7 所示是判定同名端的实验电路。当开关 S 闭合时，电流从线圈的端点 1 流入，且电流随时间增大。若此时电流表的指针向正刻度方向偏转，则说明 1 与 3 是同名端，否则 1 与 3 是异名端。

2）交流法

按图 6.1.9 连接电路，线圈 A 的 1、2 端接单相调压器，读出电压表的数值记录于表 6.1.4 中。

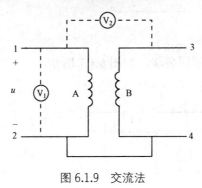

图 6.1.9　交流法

表 6.1.4　记录表

项目 电压	交流电压数值	同　名　端
1-2 端电压 U_{12}		
1-3 端电压 U_{13}		

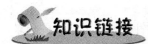

2. 同名端的判定方法

在电路中，对于两个或两个以上有电磁耦合的线圈，常常需要知道它们的感应电动势的极性。在理论上，感应电动势的极性可以运用楞次定律来判断，但在实际应用中，每个线圈的绕法和各线圈的相对位置很复杂，要画出相应示意图来利用楞次定律分析感应电动势的极性难度很大。因此，在实际应用中常常在互感线圈的端子上标注感应电动势极性相同的标记，这就是同名端的标记。

为了说明同名端的意义，以图 6.1.10 所示的互感线圈为对象来进行分析。假定 L_1 中电流 i_1 随时间增大，则 i_1 所产生的磁通 Φ_1 也随时间增大。这时，L_1 中要产生自感电动势，L_2 中要产生互感电动势（这两个电动势都是由于 Φ_1 的变化所引起的），它们的感应电流都要产生与 Φ_1 方向相反的磁通，以阻碍原磁通 Φ_1 的增加（若 i 随时间减小，则感应电流产生的磁通与 Φ_1 方向相同，以阻碍原磁通 Φ_1 的减小）。根据右手螺旋法则，可以确定 L_1 和 L_2 中感应电动势的极性如图 6.1.10 所示，端点 1 与 3、2 与 4 的极性相同。若 i_1 是减小的，则 L_1 和 L_2 中感应电动势的极性都反了过来，但端点 1 与 3、2 与 4 的极性仍然相同。这种在同一变化磁通作用下，感应电动势极性相同的端点叫同名端，极性相反的端点叫异名端。一般用符号"·"表示同名端。有了同名端，即可不用知道每个线圈的具体绕法和它们间的相对位置就能判别出各线圈的相对极性。这样，图 6.1.9 就可画成图 6.1.11 所示的形式。

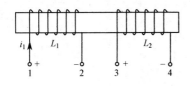
图 6.1.10　互感线圈

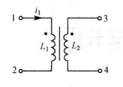
图 6.1.11　等效形式

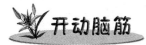

什么是互感现象？

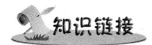

1. 变压器的用途和种类

变压器是利用互感原理工作的电磁装置，它的符号如图 6.1.12 所示，T 为它的文字符号。

（1）变压器的用途：变压器除可变换电压外，还可变换电流、变换阻抗、改变相位。

（2）变压器的种类：按照使用的场合，变压器有电力变压器，整流变压器，调压变压器，输入、输出变压器等。

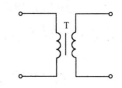
图 6.1.12　变压器的符号

2. 变压器的基本构造

变压器主要由铁芯和线圈两部分构成。

铁芯是变压器的磁路通道，是用磁导率较高且相互绝缘的硅钢片制成的，以便减少涡流和磁滞损耗。按其构造形式变压器可分为芯式和壳式两种，如图 6.1.13 所示。

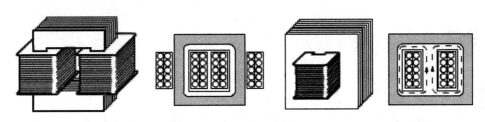

（a）芯式变压器　　　　　　　　　　（b）壳式变压器

图 6.1.13　芯式和壳式变压器

线圈是变压器的电路部分，是用漆色线、沙包线或丝包线绕成的。其中和电源相连的线圈叫原线圈（初级绕组），和负载相连的线圈叫副线圈（次级绕组）。

测量变压器的变压比

为了便于测试与安全,变压器空载实验一般都在低压侧施加电压实验,高压侧开路。实验线路如图 6.1.14 所示。

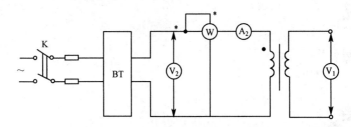

图 6.1.14 变压器的空载实验接线图

实验一般在调压器 BT 置于输出电压为最小的位置时闭合开关 K,接上电源。先调节电压 $U_0 = (1.1 \sim 1.2)U_{1N}$,然后逐次降低至 $0.5U_N$,每次测量空载电压 U_0、电流 I_0,在 $1.2 \sim 0.5U_N$ 共取读数 6 组(包括 $U_0 = U_{1N}$ 点),记录于表 6.1.5 中。

表 6.1.5 记录表

序 号	U_1(V)	U_2(V)	K
1			
2			
3			
4			
5			
6			

测量变压器的电压、电流、阻抗

按图 6.1.15 连接电路,先将负载电阻值调至最大,然后闭合开关 K_1,调节外施电压使 $U_1 = U_{1N}$,闭合开关 K_2 后,保持 $U_1 = U_{1N}$ 不变,逐次减少负载电阻,增加负载电流,在输出电流从零($I_2 = 0$,$U_2 = U_{20}$)至额定值范围内,测量输出电流 I_2 和电压 U_2,共取读数 5~6 组(包括 $I_2 = I_{2N}$ 点),并记录于表 6.1.6 中。

图 6.1.15 测量变压器的电压、电流、阻抗

表 6.1.6 记录表

序号	实 验 数 据				计 算 数 据			
	U_1(V)	I_1(A)	U_2(V)	I_1(A)	Z_1	Z_2	S_1	S_2
1								
2								
3								
4								
5								
6								

知识链接

变压器的工作原理

变压器是按电磁感应原理工作的，原线圈接在交流电源上，在铁芯中产生交变磁通，从而在原、副线圈产生感应电动势，如图 6.1.16 所示。

1. 变换交流电压

原线圈接上交流电压，铁芯中产生的交变磁通同时通过原、副线圈，原、副线圈中交变的磁通可视为相同。

设原线圈匝数为 N_1，副线圈匝数为 N_2，磁通为 Φ，感应电动势为

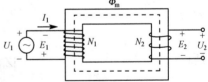

图 6.1.16 变压器空载运行原理图

$$E_1 = \frac{N_1 \Delta \Phi}{\Delta t}, \quad E_2 = \frac{N_2 \Delta \Phi}{\Delta t}$$

由此得

$$\frac{E_1}{E_2} = \frac{N_1}{N_2}$$

忽略线圈内阻得

$$\frac{U_1}{U_2} = \frac{N_1}{N_2} = K$$

式中，K 称为变压比。由此可见：变压器原副线圈的端电压之比等于匝数比。

如果 $N_1 < N_2$，$K < 1$，电压上升，称为升压变压器。
如果 $N_1 > N_2$，$K > 1$，电压下降，称为降压变压器。

2. 变换交流电流

根据能量守恒定律，变压器输出功率与从电网中获得功率相等，即 $P_1 = P_2$，由交流电功率的公式可得

$$U_1 I_1 \cos\varphi_1 = U_2 I_2 \cos\varphi_2$$

式中 $\cos\varphi_1$——原线圈电路的功率因数；
$\cos\varphi_2$——副线圈电路的功率因数。

φ_1、φ_2 相差很小，可认为相等，因此得到

$$U_1 I_1 = U_2 I_2$$

$$\frac{I_1}{I_2} = \frac{N_2}{N_1} = \frac{1}{K}$$

可见，变压器工作时原、副线圈的电流跟线圈的匝数成反比。高压线圈通过的电流小，用较细的导线绕制；低压线圈通过的电流大，用较粗的导线绕制。这是在外观上区别变压器高、低压绕组的方法。

3. 变换交流阻抗

设变压器初级输入阻抗为$|Z_1|$，次级负载阻抗为$|Z_2|$，则

$$|Z_1| = \frac{U_1}{I_1}$$

将 $U_1 = \frac{N_1}{N_2} U_2$，$I_1 = \frac{N_2}{N_1} I_2$ 代入，得

$$|Z_1| = \left(\frac{N_1}{N_2}\right)^2 \frac{U_2}{I_2}$$

因为

$$\frac{U_2}{I_2} = |Z_2|$$

所以

$$|Z_1| = \left(\frac{N_1}{N_2}\right)^2 |Z_2| = K^2 |Z_2|$$

可见，次级接上负载$|Z_2|$时，相当于电源接上阻抗为 $K^2|Z_2|$ 的负载。变压器的这种阻抗变换特性，在电子电路中常用来实现阻抗匹配和信号源内阻相等，使负载上获得最大功率。

【例题 1】 有一电压比为 220/110 V 的降压变压器，如果次级接上 55 Ω 的电阻，求变压器初级的输入阻抗。

解法 1：次级电流

$$I_2 = \frac{U_2}{|Z_2|} = \frac{110}{55} = 2 \text{ A}$$

$$K = \frac{N_1}{N_2} \approx \frac{U_1}{U_2} = \frac{220}{110} = 2 \text{ A}$$

初级电流

$$I_1 = \frac{I_2}{K} = \frac{2}{2} = 1 \text{ A}$$

输入阻抗

$$|Z_1| = \frac{U_1}{I_1} = \frac{220}{1} = 220 \text{ Ω}$$

解法 2：变压比

$$K = \frac{N_1}{N_2} \approx \frac{U_1}{U_2} = \frac{220}{110} = 2$$

输入阻抗

$$|Z_1| \approx \left(\frac{N_1}{N_2}\right)^2 |Z_2| = K^2 |Z_2| = 4 \times 55 = 220\ \Omega$$

【例题 2】 有一信号源的电动势为 1 V，内阻为 600 Ω，负载电阻为 150 Ω。欲使负载获得最大功率，必须在信号源和负载之间接一匹配变压器，使变压器的输入电阻等于信号源的内阻，如图 6.1.17 所示。问：变压器变压比，初、次级电流各为多少？

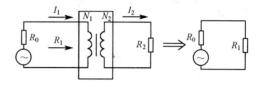

图 6.1.17　例题 2 图

解：负载电阻 $R_2 = 150\ \Omega$，变压器的输入电阻 $R_1 = R_0 = 600\ \Omega$，则变压比应为

$$K = \frac{N_1}{N_2} \approx \sqrt{\frac{R_1}{R_2}} = \sqrt{\frac{600}{150}} = 2$$

初、次级电流分别为

$$I_1 = \frac{E}{R_0 + R_1} = \frac{1}{600 + 600} \approx 0.83 \times 10^{-3}\ \text{A} = 0.83\ \text{mA}$$

$$I_2 \approx \frac{N_1}{N_2} I_1 = 2 \times 0.83 = 1.66\ \text{mA}$$

实验操作

按图 6.1.18 连接电路，将测试中所用的电源与衰减器的输入端相接，电阻箱与其输出端相接。注意：接线时电阻箱的阻值应置最大。

将电阻箱的阻值调至分别为该有源二端网络等效电阻的 5 倍、4 倍、3 倍、2 倍、1 倍、0.7 倍、0.4 倍和 0.1 倍，接通电源，用电压表测量电阻箱两端的电压，并填入表 6.1.7 中。

表 6.1.7　记录表

负载电阻（电阻箱阻值）	5r	4r	3r	2r	1r	0.7r	0.4r	0.1r
电压表读数（V）								
负载电流（A）								
负载功率（W）								

结果分析

选取适当的比例，在图 6.1.19 所示的坐标系中画出该有源二端网络的输出特性曲线。

图 6.1.18 实验电路

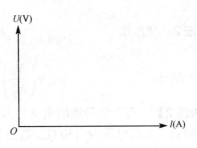

图 6.1.19 输出特性曲线

负载获得最大功率的条件

将 $U = E - IR_0$ 两端同乘以 I，得

$$UI = EI - R_0I^2$$

式中，EI 是电源的总功率，UI 是电源向负载输出的功率，R_0I^2 是内电路消耗的功率。

由以上讨论可知：电流随负载的增大而减小，端电压随负载的增大而增大，电源输出给负载的功率 $P = UI$ 也和负载有关。那么，在什么情况下电源的输出功率最大呢？

若负载是纯电阻时，则 $P_{max} = E_0^2 \cdot \dfrac{R_L}{(R_L + R_0)^2} = \dfrac{E_0^2}{4R_0}$。

电源的电动势 E 和内电阻 R_0 与电路无关，可以看作恒量。容易证明：在电源电动势及其内阻保持不变时，负载 R 获得最大功率的条件是 $R = R_0$，此时负载的功率最大。

图 6.1.19 中的曲线表示电动势和内阻均恒定的电源，输出的功率 P 随负载电阻 R 的变化关系。

当电源的输出功率最大时，由于 $R = R_0$，所以，负载上和内阻上消耗的功率相等，这时电源的效率不高，只有 50%。在电工和电子技术中，根据具体情况，有时要求电源的输出功率尽可能大些，有时又要求在保证一定功率输出的前提下尽可能提高电源的效率，这就要求根据实际需要选择适当阻值的负载，以发挥电源的作用。

【例题 3】 如图 6.1.20 所示，直流电源的电动势 $E = 10$ V，内阻 $r = 0.5$ Ω，电阻 $R_1 = 2$ Ω，问：可变电阻 R_P 调至多大时可获得最大功率 P_{max}？

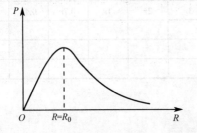

图 6.1.20 电源输出功率与外电路（负载）电阻的关系曲线

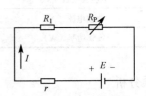

图 6.1.21 例题图

解：如图 6.1.21 所示，将 R_1 视为电源的内阻一部分，则电源内阻就是 $R_1 + r$ 利用电源输出

功率最大的条件，可以知道，$R_P = R_1 + r = 2.5$ 时获得最大功率：

$$P_{max} = \frac{E^2}{4R_P} = 10 \text{ W}$$

可调变压器的构造和工作原理

可调变压器原、副线圈共用一部分绕组，它们之间不仅有磁耦合，还有电的关系，如图 6.1.22 所示。

可调变压器原、副线圈电压之比和电流之比的关系为

$$\frac{U_1}{U_2} = \frac{I_2}{I_1} \approx \frac{N_1}{N_2} = K$$

可调变压器在使用时，一定要注意正确接线，否则易于发生触电事故。

实验室中用来连续改变电源电压的调压变压器就是一种可调变压器，如图 6.1.23 所示。

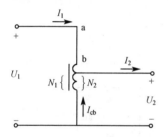

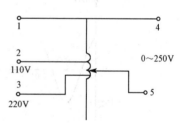

图 6.1.22　可调变压器符号及原理图　　　图 6.1.23　实验用调压变压器

第 3 步　三相正弦交流电源的连接

学习目标

- 了解三相正弦对称电源的概念，理解相序的概念
- 了解电源星形连接的特点，能绘制其电压矢量图
- 了解我国电力系统的供电制

工作任务

- 认识三相电源
- 测量三相电源

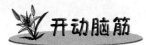

单相正弦交流电

（1）正弦交流电的三要素是_____、_____、_____。

（2）如图 6.1.24 所示，这是某一交流电的波形图，从图上可看出该交流电流的周期是_____，频率是_____，有效值是_____，初相是_____，解析式是_____。

用示波器观察三相电源的电压

用示波器观察如图 6.1.25 所示插座各端口之间的电压。

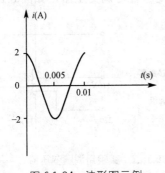

图 6.1.24　波形图示例

图 6.1.25　插座

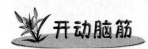

测试总结

（1）读出电压 U_{ba}、U_{ca}、U_{da} 的最大值分别是_____、_____、_____。

（2）读出电压 U_{ba}、U_{ca}、U_{da} 的频率分别是_____、_____、_____。

（3）观察 U_{ba}、U_{ca} 最大值之间相差____周期，观察 U_{ca}、U_{da} 最大值之间相差____周期。

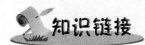

原理分析

（1）对称三相电动势。

三相交流电一般由三相交流发电机产生。在发电机中有三个相同的绕组（即线圈），在空间上彼此相差 120°，它们的始端分别用 U_1、V_1、W_1 表示，末端分别用 U_2、V_2、W_2 表示。由于电机结构的原因，这三相绕组所产生的三相电动势幅值相等、频率相同、相位互差 120°，这样的三个电动势叫做对称三相电动势。对称三相电动势瞬时值的数学表达式为

第一相（U 相）电动势：$e_1 = E_m \sin(\omega t)$

第二相（V 相）电动势：$e_2 = E_m \sin(\omega t - 120°)$

第三相（W 相）电动势：$e_3 = E_m \sin(\omega t + 120°)$

显然，有 $e_1 + e_2 + e_3 = 0$。波形图与相量图如图 6.1.26 所示。

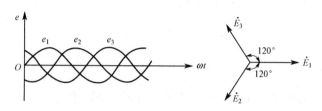

图 6.1.26　对称三相电动势波形图与相量图

一般三相电源都采用星形连接方式，就是将发电机三相绕组的末端 U_2、V_2、W_2 连接成一点 N，称为中性点或零点，从该点引出的一根线叫做中性线或零线。从三相绕组的始端 U_1、V_1、W_1 引出的三根线称为端线或相线，俗称火线。

每相绕组始端与末端之间的电压（即相线与中性线之间的电压）叫相电压，通常用符号 U_p 表示；任意两个始端之间的电压（即相线和相线之间的电压）叫线电压，通常用符号 U_l 表示。采用星形连接的三相电源，其线电压是相电压的 $\sqrt{3}$ 倍。通常所说的 380 V、220 V，就是指三相电源连接成星形时的线电压和相电压的有效值。

（2）相序是一个十分重要的概念，为使电力系统能够安全、可靠地运行，通常统一规定技术标准，一般在配电盘上用黄色标出 U 相，用绿色标出 V 相，用红色标出 W 相。

三相电动势达到最大值（振幅）的先后次序叫做相序。e_1 比 e_2 超前 120°，e_2 比 e_3 超前 120°，而 e_3 又比 e_1 超前 120°，称这种相序为正相序或顺相序；反之，如果 e_1 比 e_3 超前 120°，e_3 比 e_2 超前 120°，e_2 比 e_1 超前 120°，称这种相序为负相序或逆相序。

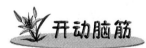

（1）三相交流电是三个_____、_____而_____的单相交流电按一定方式的组合。

（2）当发电机的三相绕组连成星形时，设线电压 $U_{AB}=380\sqrt{2}\sin(\omega t - 30°)$ V，试写出所有线电压的解析式。

测量总结

测量图 6.1.25 所示插座各端口之间的电压 U_{ba}、U_{ca}、U_{da}、U_{bc}、U_{cd}、U_{db}。填写表 6.1.8。

表 6.1.8　记录表

U_{ba}	U_{ca}	U_{da}	U_{bc}	U_{cd}	U_{db}

（1）分析电压 U_{ba}、U_{ca}、U_{da} 之间的大小关系。

（2）分析电压 U_{bc}、U_{cd}、U_{db} 之间的大小关系。

（3）分析电压 U_{ba} 与 U_{bc} 之间的大小关系。

知识链接

三相电源有星形（又称 Y 形）接法和三角形（又称 △ 形）接法两种。

如图 6.1.27 所示，将三相发电机三相绕组的末端 U_2、V_2、W_2（相尾）连接在一点，始端 U_1、V_1、W_1（相头）分别与负载相连，这种连接方法叫做星形（Y 形）连接。

从三相电源三个相头 U_1、V_1、W_1 引出的三根导线叫做端线或相线，俗称火线，任意两个火线之间的电压叫做线电压。Y 形公共连接点 N 叫做中点，从中点引出的导线叫做中线或零线。

每相绕组始端与末端之间的电压（即相线与中线之间的电压）叫做相电压，它们的瞬时值用 U_1、U_2、U_3 来表示，显然这三个相电压也是对称的。相电压大小（有效值）为

$$U_1 = U_2 = U_3 = U_P$$

任意两相始端之间的电压（即火线与火线之间的电压）叫做线电压，它们的瞬时值用 U_{12}、U_{23}、U_{31} 来表示。Y 形接法的相量图如图 6.1.28 所示。

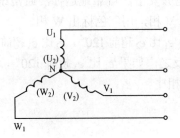
图 6.1.27　三相绕组的星形接法

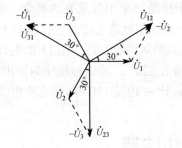
图 6.1.28　相电压与线电压的相量图

显然三个线电压也是对称的，大小（有效值）为

$$U_{12} = U_{23} = U_{31} = U_L = \sqrt{3}\, U_P$$

线电压比相应的相电压超前 30°，如线电压 U_{12} 比相电压 U_1 超前 30°，线电压 U_{23} 比相电压 U_2 超前 30°，线电压 U_{31} 比相电压 U_3 超前 30°。

【例题】　已知发电机三相绕组产生的电动势大小均为 $E = 220$ V，试求：三相电源为 Y 形接法时的相电压 U_P 与线电压 U_L。

解：（1）三相电源 Y 形接法：相电压 $U_P = E = 220$ V，线电压 $U_L \approx \sqrt{3}\, U_P = 380$ V。

开动脑筋

（1）三相四线制是由_____和_____所组成的供电体系。其中相电压是指_____之间的电压，线电压是指_____之间的电压。

（2）当发电机的三相绕组连成星形时，设线电压 $U_{AB}=380\sqrt{2}\sin(\omega t-30°)$ V，试写出相电压的解析式并画出相电压与线电压的矢量图。

开动脑筋

在日常生活中，电力系统的供电方式是什么？

知识链接

我国电力系统的供电制

由三根相线和一根中线组成的输电方式叫做三相四线制（通常在低压配电中采用）。

只有三根相线的输电方式叫做三相三线制。

特别需要注意的是，在工业用电系统中如果只引出三根导线（三相三线制），那么就都是火线（没有中线），这时所说的三相电压大小均指线电压 U_L；而民用电源则需要引出中线，所说的电压大小均指相电压 U_P。

项目2　三相负载的连接

学习目标

- 了解星形连接方式下三相对称负载线电流、相电流和中性线电流的关系，了解对称负载与不对称负载的概念，以及中性线的作用
- 了解对称三相电路功率的概念与计算

工作任务

- 星形连接方式下三相对称负载线电流、相电流和中性线电流的测量
- 三相对称负载星形连接电压、电流的测量实验：观察三相星形负载在有、无中性线时的运行情况，测量相关数据，并进行比较

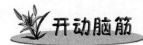

测量结果总结

电路如图 6.2.1 所示，开关 S_1~S_4 全合上，再合上 QS，观察现象，记录各电流表的读数_____、_____、_____、_____。

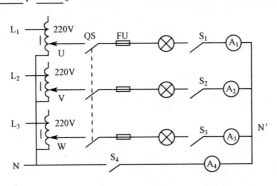

图 6.2.1 测量相电流

中性线上电流表的读数为什么是零？

知识链接

1. 负载的星形连接

三相负载的星形连接如图 6.2.2 和图 6.2.3 所示。

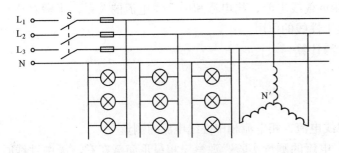

图 6.2.2 三相负载的星形连接

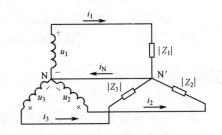

图 6.2.3 三相负载的星形连接的电路图

该接法有三根火线和一根零线，叫做三相四线制电路，在这种电路中三相电源也必须是 Y 形接法，所以又叫做 Y-Y 接法的三相电路。显然不管负载是否对称（相等），各相负载的相电压就等于电源的相电压,线电压为相电压的 $\sqrt{3}$ 倍,即电路中的线电压 U_L 都等于负载相电压 U_{YP} 的 $\sqrt{3}$ 倍,即

$$U_L = \sqrt{3}\, U_{YP}$$

负载的相电流 I_{YP} 等于线电流 I_{YL},即

$$I_{YL} = I_{YP}$$

式中,I_{YL} 表示负载星形连接时的线电流,I_{YP} 表示负载星形连接时的相电流。

若三相负载对称,即 $|Z_1|=|Z_2|=|Z_3|=|Z_P|$,因各相电压对称,所以各负载中的相电流相等,即

$$I_{P1} = I_{P2} = I_{P3} = I_{YP} = \frac{U_{YP}}{|Z_P|}$$

同时,由于各相电流与各相电压之间的相位差相等

$$\varphi_1 = \varphi_2 = \varphi_3 = \varphi_P = \arccos\frac{R_P}{|Z_P|}$$

所以,三个相电流的相位差也互为 120°。从相量图上很容易得出:三个相电流的相量之和为零,如图 6.2.4 所示,即

$$I_{P1} + I_{P2} + I_{P3} = 0$$

或

$$i_{P1} + i_{P2} + i_{P3} = 0$$

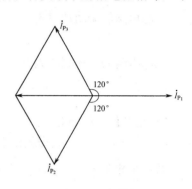

图 6.2.4　相量图

由基尔霍夫电流定律可得:

$$I_N = I_{P1} + I_{P2} + I_{P3}$$

或

$$i_N = i_{P1} + i_{P2} + i_{P3}$$

当三相负载对称时,即各相负载完全相同,相电流和线电流也一定对称(称为 Y－Y 形对称三相电路)。即各相电流(或各线电流)振幅相等、频率相同、相位彼此相差 120°,并且中线电流为零。所以中线可以去掉,即形成三相三线制电路,也就是说,对于对称负载不必关心电源的接法,只关心负载的接法即可。

【例题 1】　在负载 Y 形连接的对称三相电路中,已知每相负载均为 $|Z|= 20\ \Omega$,设线电压 $U_L = 380\ \text{V}$,试求:各相电流(也就是线电流)。

解:在对称 Y 形负载中,相电压

$$U_{YP} = \frac{U_L}{\sqrt{3}} \approx 220\ \text{V}$$

相电流(即线电流)为

$$I_{YP} = \frac{U_{YP}}{|Z|} = \frac{220}{20} = 11\ \text{A}$$

三相电路的功率

三相负载的有功功率等于各相功率之和,即

$$P = P_1 + P_2 + P_3$$

在对称三相电路中，无论负载是星形连接还是三角形连接，由于各相负载相同、各相电压大小相等、各相电流也相等，所以三相功率为

$$P = 3U_P I_P \cos\varphi = \sqrt{3} U_L I_L \cos\varphi$$

式中，φ 为对称负载的阻抗角，也是负载相电压与相电流之间的相位差。

三相电路的视在功率为

$$S = 3U_P I_P = \sqrt{3} U_L I_L$$

三相电路的无功功率为

$$Q = 3U_P I_P \sin\varphi = \sqrt{3} U_L I_L \sin\varphi$$

三相电路的功率因数为

$$\lambda = \frac{P}{S} = \cos\varphi$$

【例题 2】 有一对称三相负载，每相电阻为 $R = 6\ \Omega$，电抗 $X = 8\ \Omega$，三相电源的线电压为 $U_L = 380\ V$。求：负载做星形连接时的功率 P_Y。

解：每相阻抗均为 $|Z| = \sqrt{6^2 + 8^2} = 10\ \Omega$，功率因数 $\lambda = \cos\varphi = \dfrac{R}{|Z|} = 0.6$。

负载做星形连接时：

相电压　　　　　　　　　　$U_{YP} = \dfrac{U_L}{\sqrt{3}} = 220\ V$

线电流等于相电流　　　　　$I_{YL} = I_{YP} = \dfrac{U_{YP}}{|Z|} = 22\ A$

负载的功率　　　　　　　　$P_Y = \sqrt{3} U_{YL} I_{YL} \cos\varphi = 8.7\ kW$

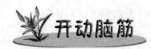

制作三相交流负载

三相负载星形连接。

（1）按图 6.2.5 接线。

（2）合上 S1、S3、S4，再合上 QS，观察现象，测量各电流表的读数_____、_____、_____、_____、_____。

（3）把 S5 也合上，再合上 QS，观察现象，测量各电流表的读数_____、_____、_____、_____、_____。

（4）开关全合上，再合上 QS，观察现象，测量各电流表的读数_____、_____、_____、_____、_____。

（5）开关 S5 打开，再合上 QS，观察现象，测量各电流表的读数_____、_____、_____、_____、_____。

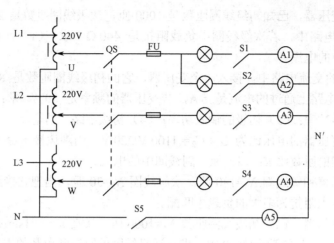

图 6.2.5　三相交流负载

知识链接

当三相负载不对称时,各相电流的大小就不相等,相位差也不一定是 120°,因此,中性线电流就不为零,此时中性线不可以断开。因此当有中性线存在时,它能使星形连接的各相负载,即使在不对称的情况下,也均有对称的电源电压,从而保证了各相负载能正常工作;如果中性线断开,各相负载的电压就不再等于电源的电压了,这时,阻抗较小的负载的相电压可能低于其额定电压,阻抗较大的负载的相电压可能高于其额定电压,使负载不能正常工作,甚至会造成严重的事故。所以,在三相四线制供电系统中,中线是不可以断开的,中线上不能安装熔断器和开关。

项目小结

(1) 从前面的测量来分析,三相对称负载在无中线的情况下工作_____（正常/不正常）。

(2) 在三相供电系统中,中线的作用就是让三相_____形负载在_____（对称/不对称）情况下各_____（线电压/相电压）相等,即保证三个_____（线电压/相电压）对称。也就是说,在三相四线制供电系统中,中线是_____（不可以/可以）断开的,中线上_____（能/不能）安装熔断器和开关。

巩固提高

(1) 若有两个线圈,第一个线圈中电流变化率为 200 A/s 时,在乙线圈中产生 0.2 V 的互感电动势,求两线圈间的互感系数。

（2）有一理想变压器，已知初级线圈匝数是 1000 匝，次级线圈匝数是 200 匝，将初级线圈接在 220 V 的交流电路中，若次级线圈中负载阻抗是 440 Ω。求：(1) 次级线圈的输出电压；(2) 初、次级线圈中的电流。

（3）在 220 V 的交流电路中，接入一个变压器，它的初级线圈匝数是 800 匝，次级线圈匝数是 100 匝，次级电路上通过的电流是 5 A，若变压器的频率是 80%。求：(1) 次级的输出电压；(2) 次级的输出功率；(3) 初级的输入功率；(4) 初级电路中的电流。

（4）有一降压变压器的电压比为 $U_1:U_2=1100\text{ V}/220\text{ V}$，当副边接一台 $P_2=1.1\text{kW}$ 的电阻炉时，求：(1) 变压器的匝数比 K；(2) 原、副线圈中的电流。

（5）已知某变压器初级线圈 $N_1=180$ 匝，次级线圈 $N_2=30$ 匝，当把它接到阻抗为 144 Ω 的信号源上时，次级应接上阻抗为多大的负载才匹配。

（6）有一理想变压器，已知初级线圈匝数 $N_1=1000$ 匝，接在 $u=141\sin\omega t\text{V}$ 的交流电源上，负载中的电流为 1 A，消耗的功率为 10 W，求：次级线圈的匝数和负载的电阻值。

（7）称三相电源采用星形连接向负载供电，若已知一相的相电压为 $u_A=220\sqrt{2}\sin314t\text{V}$，试写出其余两相相电压和三个线电压的解析式。

（8）三相对称负载做星形连接，接入三相四线制对称电源，电源线电压为 380 V，每相负载的电阻为 60 Ω，感抗为 80 Ω，求负载的相电压、相电流和线电流。

（9）有一三相电动机，每相绕组的电阻为 30 Ω，感抗是 40 Ω，绕组连成星形，接于线电压为 380 V 的三相电源上。求电动机消耗的功率。

（10）如图 6.2.6 所示，电源每相相电压为 220 V，每盏电灯的额定电压都为 220 V。指出图中连接的错误，并说明原因。

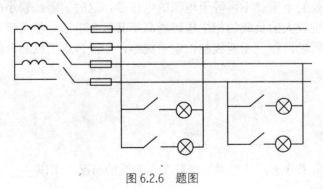

图 6.2.6 题图

学习领域七　照 明 电 路

学习目标

- 会使用常用电工工具，了解常用导电材料、绝缘材料及其规格和用途，会使用合适的工具对导线进行剥线、连接以及绝缘恢复
- 了解常用电光源、新型电光源及其构造和应用场合
- 荧光灯电路安装实训：能绘制荧光灯电路图，会按图纸要求安装荧光灯电路，能排除荧光灯电路的简单故障
- 理解电路中瞬时功率、有功功率、无功功率和视在功率的物理概念，会计算电路的有功功率、无功功率和视在功率
- 理解功率三角形和电路的功率因数，了解功率因数的意义；了解提高电路功率因数的意义及方法；会使用仪表测量交流电路的功率和功率因数，了解感性电路提高功率因数的方法及意义
- 会使用单相感应式电能表，了解新型电能计量仪表
- 了解照明电路配电板的组成，了解电能表、开关、保护装置等元器件的外部结构、性能和用途，会安装照明电路配电板，了解钳形电流表的使用方法

工作任务

- 练习常用电工工具及材料的使用
- 荧光灯的安装
- 测试交流电路功率
- 识读配电板电路图
- 简易配电板安装与测试

项目1　荧光灯具的安装

第1步　练习常用电工工具及材料的使用

学习目标

- 会使用常用电工工具
- 了解常用导电材料、绝缘材料及其规格和用途
- 会使用合适的工具对导线进行剥线、连接以及绝缘恢复

工作任务

- ✧ 练习使用常用电工工具
- ✧ 认识常用导电材料、绝缘材料
- ✧ 练习导线的剥线、连接与绝缘恢复

练习使用常用电工工具

知识链接

在对电气设备、线路进行安装和维修时，需要正确选择和使用电工工具，以提高工作效率和施工质量，保证操作安全，延长工具使用寿命。常用电工工具包括通用工具和专用工具，专用工具按作用又可分为线路安装工具、登高工具和设备装修工具等。本任务主要介绍通用工具的知识与使用。

1. 常用通用工具

通用工具是指一般电工较常应用的工具装备。需要说明的是，除下面介绍的工具以外，通用工具还包括锉刀、手锯等钳工操作的基本工具等。

1) 验电器

验电器是用来检测导线和电气设备是否带电的一种工具。根据检测电压的高低，可分为低压验电器（即电笔）和高压验电器（高压测电器），本任务主要介绍低压测电笔使用的基本知识。

测电笔又称电笔，是用来检测低压导体和电气设备外壳是否带电的辅助安全用具，其检测电压范围为 60～500 V。它主要由氖管、2 MΩ电阻、弹簧、笔身和笔尖等部分构成，其形状和结构如图 7.1.1 所示。

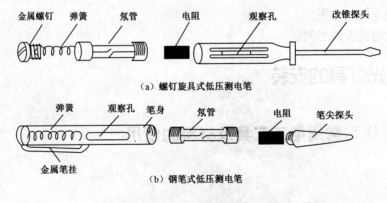

图 7.1.1 测电笔

当用电笔测试带电体时，带电体经电笔、人体到大地形成通电回路，只要带电体与大地之间的电位差超过 60 V，电笔中的氖管就能发出红色的辉光，光亮度越强，则电压越高。

电笔在使用时，握持方法应按图 7.1.2 所示，即以手指触及尾部的金属体，并使氖管小窗背光朝向自己，以便于观察；同时要防止笔尖金属体触及皮肤，以免触电。为此在螺钉旋具式低压测电笔的金属杆上，必须套上绝缘套管，仅留出刀口部分供测试需要。

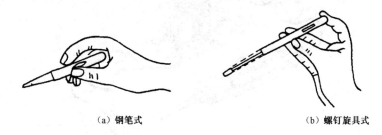

(a) 钢笔式　　　　　　　　　(b) 螺钉旋具式

图 7.1.2　电笔握法

电笔使用注意事项如下：

（1）电笔不可受潮、随意拆装或受剧烈振动，以保证检测正确性，使用前一定要在确定有电的电源上检查氖管能否正常发光指示。

（2）测电笔的金属探头能承受的转矩很小，故不能作为螺丝刀使用，以免损坏。

此外常用的测电笔还有数字显示式测电笔，其使用与普通测电笔基本相同，只是其电压指示以数字的形式直接显示出来，能较直观地反映电压的高低。但对于感应电压也会进行显示，故易引起误判断，此外其价格也比普通测电笔高。

2）螺钉旋具

螺钉旋具俗称螺丝刀，也叫起子、改锥等，主要用来紧固或拆卸螺钉。它分平口（平头）和十字口（十字头）两种，规格也较多，可配合不同槽型螺钉使用，其形状如图 7.1.3 所示。也有具有多种功能的组合工具，可作为螺丝刀使用，也可作为测电笔使用，还可进行钻、锥、扳、锯等操作，其柄部和螺钉旋具可拆卸，并附有各种旋具、锥体、锉刀等端部组件，以实现各种功能。

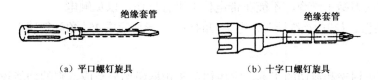

(a) 平口螺钉旋具　　　　　　　　　(b) 十字口螺钉旋具

图 7.1.3　螺钉旋具

螺钉旋具使用注意事项如下：

（1）应根据不同的使用对象选用相应规格的旋具，不可以大代小，以免损坏元器件。

（2）使用旋具时，应将旋具放至螺钉槽口中，握住旋具柄端，然后稍用力推压螺钉，再平稳旋转旋具，不要在槽口中轻轻蹭动（尤其在拆卸螺钉时），以免打滑而磨毛槽口。

（3）在电工操作中，不可使用金属杆直通柄顶的螺钉旋具（俗称通心螺丝刀）。在旋动带电的螺钉时，手不得触及旋具的金属杆，以免触电。

（4）为了避免金属杆触及皮肤或邻近带电体，应在金属杆上加套绝缘管。

在现代工厂生产中，多采用电动、气动螺钉旋具，它主要利用电压或气压作为动力，使用时只要按合开关，旋具即可按预先选定的顺时针或逆时针方向旋动，完成旋紧或松脱螺钉的工作。当螺钉被旋紧至预定的松紧度时旋具便自动打滑，不再旋动，从而可有效保证装接的一致性和可靠性，操作方便，提高了装接效率和质量。图 7.1.4 所示为电动旋具。

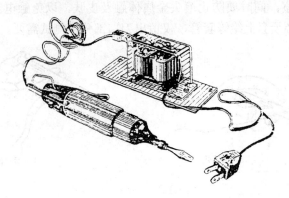

图 7.1.4　电动旋具

3）螺帽旋具

螺帽旋具主要用于装拆六角螺母或螺钉，其外形如图 7.1.5 所示。螺帽旋具的具体使用方法与螺钉旋具相同。

4）电工刀

电工刀是用来剖削或切割电工器材的常用工具，其结构如图 7.1.6 所示。

图 7.1.5　螺帽旋具　　　　　　　　　图 7.1.6　电工刀

电工刀使用注意事项如下：

（1）刀口应朝外进行操作，使用完毕应随即把刀身折入刀柄。

（2）电工刀的刀柄不绝缘，不能在带电体上进行操作，以免触电。

（3）在剖削绝缘导线的绝缘层时，电工刀的刀面与导线应成 45°角倾斜切入，以免损伤导线。

5）钢丝钳

钢丝钳是用来钳夹和剪切的工具，它由钳头和钳柄两部分组成。它的功能较多：钳口用来弯绞或钳夹导线线头，齿口用来紧固或启动螺母，刀口用来剪切导线或剖切软导线的绝缘层，铡口用来铡切导线线芯、钢丝或铅丝等较硬金属，其结构及应用如图 7.1.7 所示。电工所用的钢丝钳钳柄上必须套有耐压为 500 V 以上的绝缘管。其常用规格有 150mm、175mm、200 mm 三种。

钢丝钳使用注意事项如下：

（1）使用前，应检查柄部的绝缘套管是否完好，若有破损应及时调换，不可勉强使用。

（2）用钢丝钳剪切带电导线时，不得用刀口同时剪切相线和零线或两根相线电位不同的导线，以免发生短路故障。

（3）钳头应防锈，轴销处应经常加机油润滑，以保证使用灵活。

6）尖嘴钳

尖嘴钳的头部尖细，适用于在狭小的工作空间操作，它的外形如图 7.1.8 所示。它主要用于夹持较小的螺钉、线圈、导线及元器件，带有刀口的尖嘴钳可剪断导线和剖削绝缘层。安装控制线路时,可用尖嘴钳将单股导线弯成一定圆弧的接线端子(也称羊眼圈线鼻子)。其常用规格有 140mm、180 mm 两种。尖嘴钳的手柄有裸柄和绝缘柄两种,电工操作中禁用裸柄尖嘴钳,绝缘柄的耐压强度为 500 V,其握法与钢丝钳的握法相同。

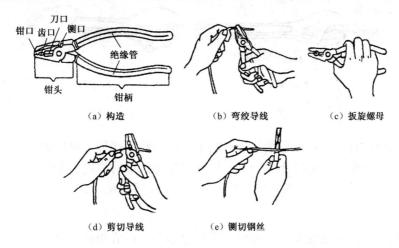

图 7.1.7 钢丝钳的结构及应用

尖嘴钳使用注意事项可参照钢丝钳相关内容。

7) 断线钳

断线钳的头部扁斜,因此又叫斜口钳、剪线钳等,主要用来剪断较粗的金属丝、线材及导线、电缆等,其形状如图 7.1.9 所示。它的柄部有铁柄、管柄、绝缘柄等几种,其中绝缘柄的耐压为 1000 V。其使用注意事项可参照钢丝钳相关内容。

8) 剥线钳

剥线钳用来剖削截面在 6 mm^2 以下的塑料或橡胶绝缘导线的绝缘层,由钳头和手柄两部分组成,如图 7.1.10 所示。钳头部分由压线口和切线口构成,分为 0.5~3 mm 的多个直径切口,用于不同规格的芯线剖削。使用时,将要剖削的绝缘长度定好以后,即可把导线放入相应的刃口中(电线必须在稍大于其芯线直径的切口上剖削,否则会损伤芯线),然后将钳柄一握,导线的绝缘层即被割破并被剥线钳自动拉脱弹出。

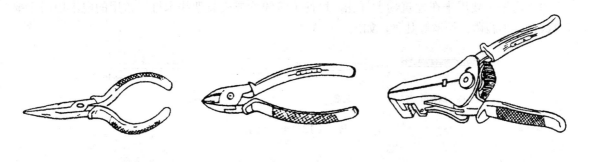

图 7.1.8 尖嘴钳　　　　图 7.1.9 断线钳　　　　图 7.1.10 剥线钳

9) 活动扳手

活动扳手(简称活扳手)是用来紧固和拧松螺母的一种专用工具,它由头部和柄部组成,头部则由活动扳唇、呆扳唇、扳口、蜗轮、轴销等构成，如图 7.1.11 所示。旋动蜗轮可调节扳口的大小，多用于螺栓规格多的场合。常用活动扳手的规格有 150 mm、200 mm、250 mm、400 mm 等几种。

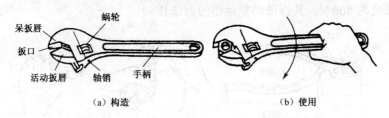

图 7.1.11　活动扳手的结构及使用

活动扳手在使用时，应将扳唇紧压螺母的平面，扳动大螺母需要较大力矩时，手应握在接近柄尾处。扳动较小螺母需要较小力矩时，应握在接近头部的位置。施力时手指可随时旋调蜗轮，收紧活动扳唇，以防打滑。另外活动扳手在使用时不可反用。

10）镊子

镊子主要用于夹持导线线头、元器件、螺钉等小型工件或物品，多用不锈钢材料制成，弹性较强。其常见类型有尖头镊子和宽口镊子，如图 7.1.12 所示。其中尖头镊子主要用来夹持较小物件，而宽口镊子则可夹持较大物件。

图 7.1.12　镊子

2. 常用线路装修工具

线路装修工具主要是指用于电力内外线装修时所需的工具，它包括打孔、钳夹、切割、登高等工具。

1）电工用凿

电工用凿主要用来在建筑物上打孔，以便下输线管或安装架线木桩。常用的电工用凿主要有麻线凿、小扁凿、长凿等几种，如图 7.1.13 所示。

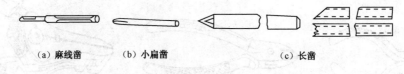

图 7.1.13　电工用凿

2）手电钻

手电钻是一种电动工具，它的作用是在工件上钻孔，它主要由电动机、钻夹头、手柄等组成，分手提式和手枪式两种，形状如图 7.1.14 所示。

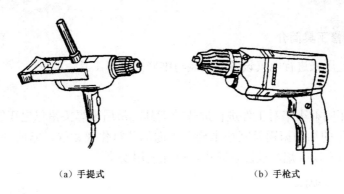

（a）手提式　　　　　　（b）手枪式

图 7.1.14　手电钻

在生产流水线和装配工作中，常会用到气动手钻工具，其形状如图 7.1.15 所示，使用气动手钻，可减轻操作者的劳动强度，提高装配质量。

3）冲击钻

冲击钻也是一种电动工具，如图 7.1.16 所示。它具有两种功能：一种可作为普通电钻使用，使用时应把调节开关调到标记为"钻"的位置；另一种可用来冲打砌块和砖墙等建筑面的膨胀螺钉和导线过墙孔，此时应调至标记为"锤"的位置。

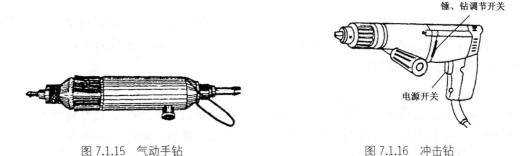

图 7.1.15　气动手钻　　　　　　图 7.1.16　冲击钻

冲击钻使用注意事项如下：
（1）在调速或调挡时，应停转后再进行。
（2）冲钻墙孔时，应经常将钻头拔出，以便及时排出碎屑。
（3）在钢筋建筑物上冲孔时，遇到硬物不应施加过太压力，以免钻头退火。

4）管子割刀

管子割刀又叫割管器，是专门用来切割圆管的工具。它在使用时应先旋松手柄上的调整螺杆，使待割的圆管卡入刀片与滚轮之间，然后旋紧螺杆，使刀片切入圆管，然后做圆周运动进行切割，并不断旋紧螺杆，使刀片在管子上的切口不断加深，直至切断圆管。

5）登高工具

登高工具是电工在登高作业时所用的工具和装备，常用的有梯子、登板、脚扣、保险带、背包等。登高工具一定要牢固可靠，以确保登高操作安全。

6）防护工具

防护工具是电工在操作时防止受到触电等意外伤害而使用的一些工具，常用的有绝缘手套、绝缘棒、携带型接地线等。对于防护用具一定要定期检测，看是否符合安全要求。

3. 常用设备装修工具简介

设备装修工具是用来进行电气设备的安装与维修的专用工具。

1）喷灯

喷灯是一种利用喷射火焰对工件进行加热的工具。常用来焊接铅包电缆的外皮（铅包层）、大截面铜导线连接处的加固搪锡及其他电连接表面的防氧化镀锡等。它的外形结构如图 7.1.17 所示。因喷灯工作时有明火焰，要注意防火，确保使用安全。

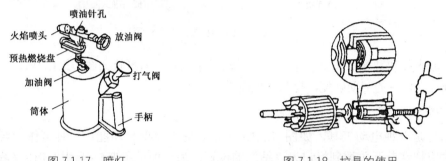

图 7.1.17　喷灯　　　　　　　图 7.1.18　拉具的使用

2）电烙铁

电烙铁作为进行钎焊的热源，用来对铜、铜合金、镀锌薄钢板等金属材料进行焊接以实现连接。它通常以电阻丝为热元器件，按发热方式可分为内热式和外热式两种，常用的功率为 20～300 W。其功率应根据焊接对象选用。

3）拉具

拉具又叫拉机、拉模等，在设备维修中主要用于拆卸轴承、联轴器、皮带轮等紧固件。在使用拉具时，其爪钩要抓住工件的内圈，顶杆轴心线与工件重合，如图 7.1.18 所示。使顶杆上均匀受力，旋转手柄即可渐渐拉下工件。

练习使用电工工具

练习目的：

（1）正确识别所发的各种常用电工工具，并了解其基本结构和使用方法。

（2）能结合练习指导中相关内容，正确使用测电笔、螺丝刀、电工刀、钢丝钳、尖嘴钳、剥线钳、手电钻等常用工具。

练习准备：

测电笔、平口螺丝刀、十字口螺丝刀、电工刀、钢丝钳、尖嘴钳、断线钳、剥线钳、活动扳手、尖头镊子、宽口镊子、手电钻、冲击钻各 1 只；木板 1 块，平口、十字口自攻螺钉各 5 只，单芯硬导线、多芯软导线若干。

1. 练习步骤及说明

1）正确识别出各电工工具的名称、作用

主要结合各电工工具的外形特点，将各工具对应名称一一指出，并简要说明其作用。

2）电工工具的使用

（1）用测电笔检测实训室电源三眼插座各插孔电压情况。

① 打开实训室电源开关，用手握住测电笔尾部的金属体部分，用测电笔的尖端探入其相线端插孔中，观察测电笔的氖管是否发光，再分别探测另两个插孔，观察氖管发光情况。

② 断开实训室电源开关，再分别测试各插孔中电压情况。

（2）用手电钻练习在木板上钻孔。

① 给手电钻安装直径合适的钻头（应配合自攻螺钉规格，使钻头直径应略小于螺钉直径），注意钻头上紧。

② 接通电源，将钻头对准木板，在上面钻 10 个孔，注意孔应垂直于板面，不能钻歪。

（3）用螺丝刀在木板上拧装平口、十字口自攻螺钉各 5 只。

① 将自攻螺钉放到钻好的孔上，并压入约 1/4 长度。

② 用与螺钉槽口相一致的螺丝刀，将刀口压紧螺钉槽口，然后顺时针旋动螺丝刀，将螺钉的约 5/6 长度旋入木板中，注意不要旋歪。

（4）钢丝钳、尖嘴钳的使用。

① 用钢丝钳或尖嘴钳的钳口将旋入木板中的螺钉端部夹持住，再逆时针方向旋出螺钉。

② 用钢丝钳或尖嘴钳的刀口将多芯软导线、单芯硬导线分别剪断为 5 段。

③ 用尖嘴钳将单股导线的端头剥除绝缘层，再将端头弯成一定圆弧的接线端子（线鼻子）。

（5）剥线钳的使用。

将用钢丝钳剪断的 5 段多芯软导线进行端头绝缘层的去除，注意剥线钳的孔径选择要与导线的线径相符。

2. 常用电工工具认识与使用的考核评定

学生在经老师讲解之后，熟悉掌握练习要领，并限时进行练习考核评定（参考表 7.1.1）。

表 7.1.1 常用电工工具识别与使用考核评定参考

训练内容	配 分	扣分标准	扣分	得分
电工工具认识	30 分	（1）工具认识错误，每种扣 10 分 （2）工具用途不清楚或混淆，每种扣 10 分		
测电笔测插座电压情况	15 分	（1）握持不规范扣 10 分 （2）测试结果错误扣 6 分		
手电钻钻孔	10 分	（1）钻头选用不合适扣 3 分 （2）钻头未上紧扣 5 分 （3）钻孔不正，有倾斜，每个扣 3 分		
用螺丝刀旋螺钉	15 分	（1）螺钉与板面不垂直扣 3 分 （2）螺钉槽口有明显损伤，每只扣 5 分 （3）螺丝刀口损伤扣 10 分		

续表

训练内容	配分	扣分标准	扣分	得分
用尖嘴钳、钢丝钳旋螺钉、夹断导线、弯羊眼圈	20分	（1）螺钉有明显损伤，每只扣5分 （2）导线端面不平整，每处扣2分 （3）导线除端部外，其他地方有绝缘层损伤，每处扣2分 （4）单芯硬导线剥除有损伤，每处扣2分 （5）羊眼圈形状不规范或折断，每个扣3分		
使用剥线钳	10分	（1）口径选择不当导致损伤导线，每处扣5分 （2）导线裸线端过长或过短，每处扣2分 （3）绝缘层端面不平整扣2分		
总评（注：各项内容中扣分总值不应超过对应各项内容所配分数）				

巩固提高

1．填空题

（1）低压测电笔的电压检测范围在_____～_____V之间。

（2）剥削截面在 4 mm^2 以下的塑料绝缘导线的绝缘层时应选用的电工工具是_____。

（3）冲击钻具有_____和_____两种基本功能。

2．选择题

（1）测电笔在正确使用时，笔尖金属体应接触待测点，而手指应（　　）。

A．远离测电笔的金属部分　　B．触及尾部金属体　　C．触及笔尖金属体

（2）剪线钳钳柄的绝缘耐压为（　　）。

A．250 V　　　　　　　　B．1000 V　　　　　　　C．无绝缘要求

（3）在旋动带电的螺钉时，不可选用（　　），以免触电。

A．普通螺丝刀　　　　　　B．通心螺丝刀　　　　　C．组合螺丝刀

3．判断题

（1）在用测电笔测量 220 V 交流电压的零线时，氖管应发光。　　　　（　　）

（2）用钢丝钳剪切带电导线时，不得用刀口同时剪切相线和零线。　　（　　）

（3）电工刀可在带电体上进行操作。　　　　　　　　　　　　　　（　　）

认识电工材料

电工材料是电气工程所用到的材料，电工材料的种类很多，电气工程上常将电工材料分为导电材料、半导体材料、绝缘材料和磁性材料等，这里只介绍导电材料和绝缘材料。

1. 导电材料

导电材料是主要电工材料之一。导电材料主要是用来传导电流的,当然,也有用来发热、发光、产生磁或化学效应的。导电材料的电阻率约为 $10^{-6} \sim 10^{-2}$ Ω·cm。从材料的物理状态来看,固体导电材料特别是其中的金属,是最常用的导电材料,如铜、铝等。液体导电材料有熔融的金属和酸、碱、盐的溶液。气体中存在离子或自由电子时,也可作为导电材料。

使用范围最广的电气设备的电缆线均用铜或铝制造的。铜线的标志为"T","TV"为硬铜线,"TR"为软铜线。铝线的标志为"L","LR"表示软铝线,"LV"表示硬铝线。但在做一些特殊用途时,还要用到其他材料,如架空线需要具有较高的机械强度,常选用铝镁硅合金;电热材料需要具有较大的电阻率和抗氧化性能,常选用镍铬合金或铁铬铝合金;熔体需具有易熔断特点,故选用铅锡合金;电光源灯丝要求熔点高,要选用钨丝;电阻材料则要用抗氧化性能好、工作温度高的康铜、镍铬合金等。

1) 电气设备用电线电缆的分类

电线电缆按使用特性,可将其分为七类:通用电线电缆、电机电气设备用电线电缆、仪器仪表用电线电缆、地质勘探和采掘用电线电缆、交通运输用电线电缆、信号控制电线电缆、直流高压软电缆。维修电工常用的为前两类中的几个系列:B 系列为橡皮塑料电线,用于中、小型电气设备的安装线,它们的交流工作电压为 500 V、直流工作电压为 1000 V;R 系列为橡皮塑料软线,这种电线为多芯细铜线,大量用于日用电器、仪表及照明线路,其交流工作电压为 250 V,直流工作电压为 500 V;Y 系列为通用橡套电缆,又称为移动电缆,作为各种电气设备、电动工具、仪器和日用电器的移动电源线,其工作电压有 250 V 或 500 V 两种;YH 系列为电焊机用移动电缆;YHS 系列为潜水电机用防水橡套移动电缆。

按电线电缆的结构可将其分为两类:一类只有导电线芯和绝缘层;另一类在绝缘层外面还有起机械保护作用的护层,称为护套线。

2) 电线电缆的允许载流量

电线电缆允许载流量是指在不超过最高允许温度的条件下,允许长期通过的最大电流值,故又称为安全电流。

2. 绝缘材料

1) 绝缘材料的分类

绝缘材料是电阻率大于 10^7 Ω·m 的材料。其主要作用是用来隔离带电体或不同电位的导体,以保证安全用电。此外,在各类电工产品中往往还起着支撑、固定、灭弧、储能、改善电位梯度、防潮、防霉、防虫、防辐射、耐化学腐蚀等作用。

绝缘材料按极限温度划分为 7 个耐热等级,用 7 个大写字母表示,其相应的极限温度为:Y 级 90℃、A 级 105℃、E 级 120℃、B 级 130℃、F 级 155℃、H 级 180℃、C 级大于 180℃。

按绝缘材料的应用和工艺特征可分为 6 大类,分别为漆、树脂和胶类,浸渍纤维制品类,层压制品类,压塑料类,云母制品类,薄膜、粘带和复合制品类。

按绝缘材料的形态分为三类:气体绝缘材料、液体绝缘材料和固体绝缘材料。

(1) 绝缘漆:绝缘漆主要有浸渍漆、覆盖漆和硅钢片漆三种。

(2) 浸漆纤维制品:这类制品常用的有玻璃纤维布、漆管和绑扎带三种。

（3）层压制器：常用的有层压玻璃布板、层压玻璃布管和层压玻璃布棒，适宜做电机的绝缘结构零件。

（4）压塑料：压塑料常用的有 4013 和 4330 两种。

（5）云母制品：云母制品常用的有柔软云母板、塑料云母板、云母带、换向器云母片和衬垫云母板 5 种。其中，换向器云母片含胶量少，室温时很硬，厚度均匀，主要用来做电机换向器的片间绝缘。

（6）薄膜和薄膜复合制品：薄膜及薄膜复合制品厚度薄、柔软且电气性能好，机械强度高，适用于电机的槽绝缘、匝间绝缘、相间绝缘及其他电气产品的线圈绝缘。

2）绝缘材料的型号

绝缘材料的型号一般由 4 位数字组成，第 1 位表示大类号，第 2 位表示小类号，第 3 位表示耐热等级，第 4 位表示顺序号。

常用导线的连接

在低压系统中，导线连接点是故障率最高的部位，电气设备和线路能否安全、可靠地运行，在很大程度上取决于导线连接和绝缘层修复的质量。导线连接的方式很多，常用的有绞接、缠绕连接、焊接、管压接等。出线端与电气设备的连接，有直接连接和经接线端子连接。对导线连接的基本要求是：接触紧密，连接可靠、美观，机械强度高，耐腐蚀和绝缘性能好。

1. 导线绝缘层的剖削

导线连接前，必须把导线端的绝缘层削去，削除的长度依接头方法和导线截面的不同而不同，削线的方法通常有单层削法、分段削法和斜削法三种，如图 7.1.19 所示。其中单层削法不适用于多层绝缘的导线。下面具体介绍几种常用导线绝缘层的剖削方法。

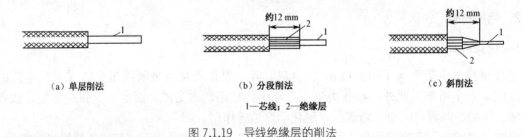

(a) 单层削法　　　(b) 分段削法　　　(c) 斜削法

1—芯线；2—绝缘层

图 7.1.19　导线绝缘层的削法

1）塑料硬线绝缘层的剖削

有条件时，去除塑料硬线的绝缘层用剥线钳甚为方便，在没有剥线钳的情况下也可用钢丝钳和电工刀剖削。

线芯截面在 4 mm^2 及以下的塑料硬线，可用钢丝钳剖削：先在线头所需长度交界处，用钢丝钳口轻轻切破绝缘层表皮，然后左手拉紧导线，右手适当用力捏住钢丝钳头部，向外用力勒去绝缘层，如图 7.1.20 所示。在勒去绝缘层时，不可在钳口处加剪切力，这样会伤及线芯，甚至将导线剪断。

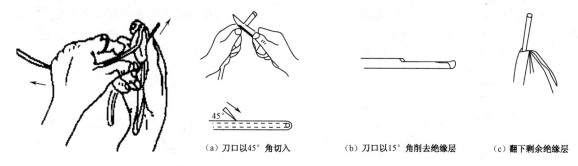

图 7.1.20　钢丝钳去除导线绝缘层　　　　图 7.1.21　电工刀剖削塑料硬导线绝缘层

对于规格大于 4 mm² 的塑料硬线的绝缘层，直接用钢丝钳剖削较为困难，可用电工刀剖削。先根据线头所需长度，用电工刀刀口对导线呈 45° 切入塑料绝缘层，注意掌握刀口刚好削透绝缘层而不伤及线芯，如图 7.1.21（a）所示。然后调整刀口与导线间的角度以 15° 向前推进，将绝缘层削出一个缺口，如图 7.1.21（b）所示，接着将未削去的绝缘层向后扳翻，再用电工刀切齐，如图 7.1.21（c）所示。

2）塑料软线绝缘层的剖削

塑料软线绝缘层的剖削除用剥线钳外，仍可用钢丝钳按直接剖剥 4 mm² 及以下的塑料硬线的方法进行，但不能用电工刀剖剥。因塑料线太软，线芯又由多股钢丝组成，用电工刀很容易伤及线芯。

3）塑料护套线绝缘层的剖削

塑料护套线绝缘层分为外层的公共护套层和内部每根芯线的绝缘层。公共护套层一般用电工刀剖削，先按线头所需长度，将刀尖对准两股芯线的中缝划开护套层，并将护套层向后扳翻，然后用电工刀齐根切去，如图 7.1.22 所示。

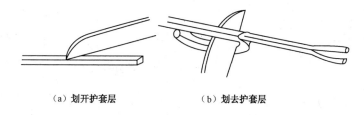

图 7.1.22　塑料护套线的剖削

切去护套后，露出的每根芯线绝缘层可用钢丝钳或电工刀按照剖削塑料硬线绝缘层的方法分别除去。钢丝钳或电工刀在切时切口应离护套层 5～10 mm。

4）橡皮线绝缘层的剖削

橡皮线绝缘层外面有一层柔韧的纤维编织保护层，先用剖削护套线护套层的办法，用电工刀尖划开纤维编织层，并将其扳翻后齐根切去，再用剖削塑料硬线绝缘层的方法，除去橡皮绝缘层。如橡皮绝缘层内的芯线上包缠着棉纱，可将该棉纱层松开，齐根切去。

5) 花线绝缘层的剖削

花线绝缘层分外层和内层,外层是一层柔韧的棉纱编织层。剖削时选用电工刀在线头所需长度处切割一圈拉去,然后在距离棉纱编织层 10 mm 左右处用钢丝钳按照剖削塑料软线的方法将内层的橡皮绝缘层勒去。有的花线在紧贴线芯处还包缠有棉纱层,在勒去橡皮绝缘层后,再将棉纱层松开扳翻,齐根切去,如图 7.1.23 所示。

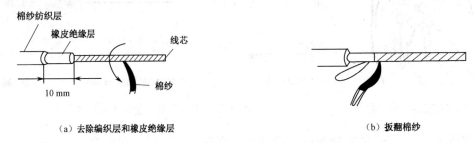

图 7.1.23　花线绝缘层的剖削

6) 橡套软线(橡套电缆)绝缘层的剖削

橡套软线外包护套层,内部每根线芯上又有各自的橡皮绝缘层。外护套层较厚,按切除塑料护套层的方法切除,露出的多股芯线绝缘层,可用钢丝钳勒去。

7) 铅包线护套层和绝缘层的剖削

铅包线绝缘层分为外部铅包层和内部芯线绝缘层,剖削时选用电工刀在铅包层切下一个刀痕,然后上下左右扳动折弯这个刀痕,使铅包层从切口处折断,并将它从线头上拉掉。内部芯线绝缘层的剖除方法与塑料硬线绝缘层的剖削方法相同。剖削铅包层的损伤过程如图 7.1.24 所示。

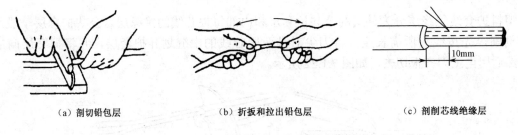

图 7.1.24　铅包线绝缘层的剖削

8) 漆包线绝缘层的去除

漆包线绝缘层是喷涂在芯线上的绝缘漆层。由于线径的不同,去除绝缘层的方法也不一样。直径在 1 mm 以上的,可用细砂纸或细纱布擦去;直径在 0.6 mm 以上的,可用薄刀片刮去;直径在 0.1 mm 及以下的也可用细砂纸或细纱布擦除,但易于折断,需要小心操作。有时为了保留漆包线的芯线直径准确以便于测量,也可用微火烤焦其线头绝缘层,再轻轻刮去。

2. 导线线头的连接

常用的导线按芯线股数不同,有单股、7 股、19 股等多种规格,其连接方法也各不相同。

1) 铜芯导线的连接

(1) 单股芯线有绞接和缠绕两种方法。

绞接法用于截面较小的导线，缠绕法用于截面较大的导线。

绞接法是先将已剖除绝缘层并去掉氧化层的两根线头呈"×"形相交[图 7.1.25（a）]，互相绞合 2～3 圈[图 7.1.25（b）]，接着扳直两个线头的自由端，将每根线自由端在对边的线芯上紧密缠绕到线芯直径的 6～8 倍长[图 7.1.25（c）]，将多余的线头剪去，修理好切口毛刺即可。

缠绕法是将已去除绝缘层和氧化层的线头相对交叠，再用直径为 1.6 mm 的裸铜线做缠绕线在其上进行缠绕，如图 7.1.26 所示，其中线头直径在 5 mm 及以下的缠绕长度为 60 mm，直径大于 5 mm 的，缠绕长度为 90 mm。

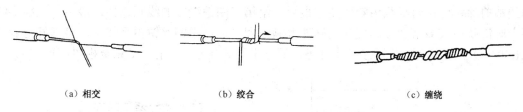

图 7.1.25　单股芯线直线连接（绞接）

（2）单股铜芯线的 T 形连接。

单股芯线 T 形连接时可用绞接法和缠绕法。绞接法是先将除去绝缘层和氧化层的线头与干线剖削处的芯线十字相交，注意在支路芯线根部留出 3～5 mm 裸线，接着顺时针方向将支路芯线在干路芯线上紧密缠绕 6～8 圈（图 7.1.27）。剪去多余线头，修整好毛刺。

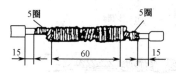

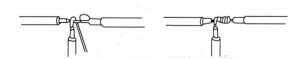

图 7.1.26　用缠绕法直线连接单股芯线　　　图 7.1.27　单股芯线 T 形连接

对用绞接法连接的截面较大的导线，可用缠绕法（图 7.1.28）。其具体方法与单股芯线直连的缠绕法相同。

对于截面较小的单股铜芯线，可用图 7.1.29 所示的方法完成 T 形连接，先把支路芯线线头与干路芯线十字相交，在支路芯线根部留出 3～5 mm 裸线，把支路芯线在干线上缠绕成结状，再把支路芯线拉紧扳直并紧密缠绕在干路芯线上，为保证接头部位有良好的电接触和足够的机械强度，应保证缠绕为芯线直径的 8～10 倍。

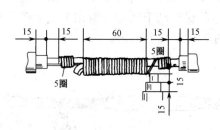
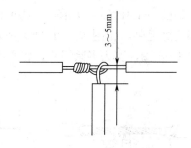

图 7.1.28　用缠绕法完成单股芯线 T 形连接　　　图 7.1.29　小截面单股芯线 T 形连接

（3）7 股铜芯线的直接连接。

把除去绝缘层和氧化层的芯线线头分成单股散开并拉直，在线头总长（离根部距离的）1/3 处顺着原来的扭转方向将其绞紧，余下的三分之二长度的线头分散成伞形，如图 7.1.30（a）所示。将两股伞形线头相对，隔股交叉直至伞形根部相接，然后捏平两边散开的线头，如图 7.1.30（b）所示。接着 7 股铜芯线按根数 2、2、3 分成三组，先将第一组的两根线芯扳到垂直于线头的方向，如图 7.1.30（c）所示，按顺时针方向缠绕两圈，再弯下扳成直角使其紧贴芯线，如图 7.1.30（d）所示。第二组、第三组线头仍按第一组的缠绕办法紧密缠绕在芯线上，如图 7.1.30（e）所示；为保证电接触良好，如果铜线较粗较硬，可用钢丝钳将其绕紧。缠绕时注意使后一组线头压在前一组线头已折成直角的根部。最后一组线头应在芯线上缠绕三圈，在缠到第三圈时，把前两组多余的线端剪除，使该两组线头断面能被最后一组第三圈缠绕完的线匝遮住，最后一组线头绕到两圈半时，就剪去多余部分，使其刚好能缠满三圈，最后用钢丝钳钳平线头，修理好毛刺，如图 7.1.30（f）所示。到此完成了一半任务，后一半的缠绕方法与前一半完全相同。

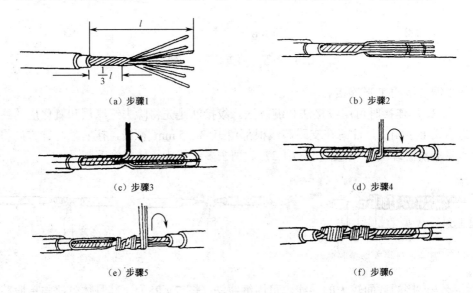

图 7.1.30　7 股铜芯线的直接连接

（4）7 股铜芯线的 T 形连接。

把除去绝缘层和氧化层的支路线端分散拉直，在距根部 1/8 处将其进一步绞紧，将支路线头按 3 和 4 的根数分成两组并整齐排列。接着用一字形螺丝刀把干线也分成尽可能对等的两组，并在分出的中缝处撬开一定距离，将支路芯线的一组穿过干线的中缝，另一组排于干路芯线的前面，如图 7.1.31（a）所示。先将前面一组在干线上按顺时针方向缠绕 3～4 圈，剪除多余线头，修整好毛刺，如图 7.1.31（b）所示。接着将支路芯线穿越干线的一组在干线上按反时针方向缠绕 3～4 圈，剪去多余线头，钳平毛刺即可，如图 7.1.31（c）所示。

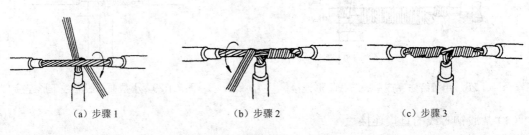

图 7.1.31　7 股铜芯线 T 形连接

(5) 19 股铜芯线的直线连接和 T 形连接。

19 股铜芯线的连接与 7 股铜芯线连接方法基本相同。在直线连接中，由于芯线股数较多，可剪去中间几股，按要求在根部留出一定长度绞紧，隔股对叉，分组缠绕。在 T 形连接中，支路芯线按 9 和 10 的根数分成两组，将其中一组穿过中缝后，沿干线两边缠绕。为保证有良好的电接触和足够的机械强度，对这类多股芯线的接头，通常都应进行钎焊处理，即对连接部分加热后搪锡。

2) 电磁线头的连接

电机和变压器绕组用电磁线绕制，无论是重绕或维修，都要进行导线的连接，这种连接可能在线圈内部进行，也可能在线圈外部进行。

(1) 线圈内部的连接。

对直径在 2 mm 以下的圆铜线，通常是先绞接后钎焊。绞接时要均匀，两根线头互绕不少于 10 圈，两端要封口，不能留下毛刺，截面较小的漆包线的绞接如图 7.1.32（a）所示，截面较大的漆包线的绞接如图 7.1.32（b）所示。直径大于 2 mm 的漆包圆铜线的连接多使用套管套接后再钎锡的方法。套管用镀锡的薄铜片卷成，在接缝处留有缝隙，选用时注意套管内径与线头大小的配合，其长度为导线直径的 8 倍左右，如图 7.1.32（c）所示。连接时，将两根去除了绝缘层的线端相对插入套管，使两线头端部对接在套管中间位置，再进行钎焊，使焊锡液从套管侧缝充分浸入内部，注满各处缝隙，将线头和导管铸成整体。

(a) 较小截面漆包线的绞接　　(b) 较大截面漆包线的绞接　　(c) 连接套管

图 7.1.32　线圈内部端头连接方法

对截面积不超过 25 mm² 的矩形电磁线，也用套管连接，工艺同上。

套管铜皮的厚度应选 0.6~0.8 mm 为宜；套管的横截面，以电线横截面的 1.2~1.5 倍为宜。

(2) 线圈外部的连接。

这类连接有两种情况。一种是线圈间的串、并联，Y、△连接等。对小截面导线，这类线头的连接仍采用先绞接后钎焊的办法；对截面较大的导线，可用乙炔气焊。另一种是制作线圈引出端头：用如图 7.1.33（a）、图 7.1.33（b）所示的接线端子（接线耳）与线头之间用压接钳压接，如图 7.1.33（d）所示。若不用压接方法，也可直接钎焊。

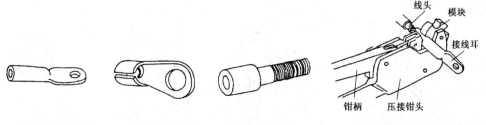

(a) 大载流量用接线耳　(b) 小载流量用接线耳　(c) 接线桩螺钉　(d) 导线与接线线头的压接方法

图 7.1.33　接线耳与接线桩螺钉

3）线头与接线桩的连接

（1）线头与针孔接线桩的连接。

端子板、某些熔断器、电工仪表等的接线部位多是利用针孔附有压接螺钉压住线头完成连接的。线路容量小，可用一只螺钉压接；若线路容量较大，或接头要求较高时，应用两只螺钉压接。

单股芯线与接线桩连接时，最好按要求的长度将线头折成双股并排插入针孔，使压接螺钉顶紧双股芯线的中间。如果线头较粗，双股插不进针孔，也可直接用单股，但芯线在插入针孔前，应稍微朝着针孔上方弯曲，以防压紧螺钉稍松时线头脱出，如图 7.1.34 所示。

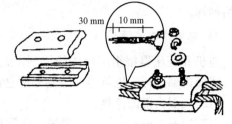

图 7.1.34 单股芯线与针孔接线压接法

在针孔接线桩上连接多股芯线时，先用钢丝钳将多股芯线进一步绞紧，以保证压接螺钉顶压时不致松散。注意针孔和线头的大小应尽可能配合，如图 7.1.35（a）所示。如果针孔过大可选一根直径大小相宜的铝导线作绑扎线，在已绞紧的线头上紧密缠绕一层，使线头大小与针孔合适后再进行压接，如图 7.1.35（b）所示。如线头过大，插不进针孔时，可将线头散开，适量减去中间几股，通常 7 股可剪去 1~2 股，19 股可剪去 1~7 股，然后将线头绞紧，进行压接，如图 7.1.35（c）所示。

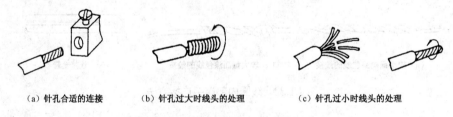

(a) 针孔合适的连接　　(b) 针孔过大时线头的处理　　(c) 针孔过小时线头的处理

图 7.1.35 多股芯线与针孔接线桩连接

无论是单股或多股芯线的线头，在插入针孔时，一是注意插到底；二是不得使绝缘层进入针孔，针孔外的裸线头的长度不得超过 3 mm。

（2）线头与平压式接线桩的连接。

平压式接线桩是利用半圆头、圆柱头或六角头螺钉加垫圈将线头压紧，完成电连接的。对载流量小的单股芯线，先将线头弯成接线圈，如图 7.1.36 所示，再用螺钉压接。

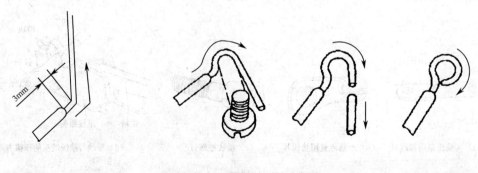

(a) 离绝缘层根部的3mm处向外侧折角　　(b) 按略大于螺钉　　(c) 剪去芯线余端　　(d) 修正圆圈直径弯曲圆弧

图 7.1.36 单股芯线压接圈弯法

对于横截面不超过 10 mm² 、股数为 7 股及以下的多股芯线，应按图 7.1.37 所示的步骤制作压接圈：把绝缘层根部 1/2 长度的芯线重新绞紧，如图 7.1.37（a）所示；绞紧部分的芯线，在绝缘层根部芯线向左处折角，然后弯成圆弧，如图 7.1.37（b）所示；当圆弧弯得将成圆圈时，应将余下的线向右外折，然后使其成圆，并把芯线线头与导线并在一起，如图 7.1.37（c）所示；将拉直的 2 根线头一起按顺时针方向绕两圈，然后和芯线并在一起，从折点再取出两根芯线线头拉直，如图 7.1.37（d）所示；将取出的两根芯线先以顺时针方向绕两圈，如图 7.1.37（e）所示；然后与芯线并在一起，最后取出余下的 3 根线也以顺时针方向绕两圈，剪去多余芯线，如图 7.1.37（f）所示。对于载流量较大，横截面积超过 10 mm² 、股数多于 7 股的导线端头，应安装接线耳。

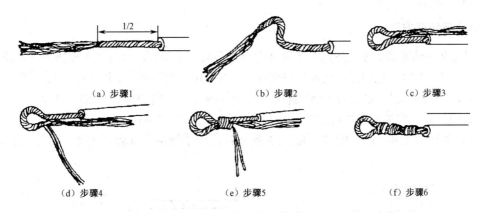

图 7.1.37　7 股导线压接圈弯法

连接这类线头的工艺要求是：压接圈和接线耳的弯曲方向应与螺钉拧紧方向一致，连接前应清除压接圈、接线耳和垫圈上的氧化层及污物，再将压接圈或接线耳压在垫圈下面，用适当的力矩将螺钉拧紧，以保证良好的电接触。压接时注意不得将导线绝缘层压入垫圈内。

软线线头的连接也可用平压式接线桩。导线线头与压接螺钉之间的绕接方法如图 7.1.38 所示，其要求与上述多芯线的压接相同。

（3）线头与瓦形接线桩的连接。

瓦形接线桩的垫圈为瓦形。压接时为了不致使线头从瓦形接线桩内滑出，压接前应先将去除氧化层和污物的线头弯曲成 U 形，如图 7.1.39（a）所示，再卡入瓦形接线桩压接。如果在接线桩上有两个线头连接，应将弯成 U 形的两个线头相重合，再卡入接线桩瓦形垫圈下方压紧，如图 7.1.39（b）所示。

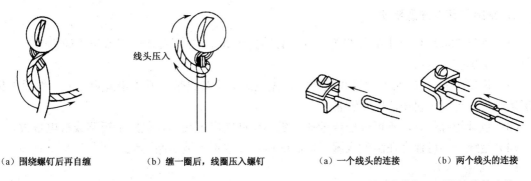

图 7.1.38　软导线线头连接　　　　图 7.1.39　单股芯线与瓦形接线桩的连接

导线绝缘层的恢复

导线绝缘层破损和导线接头连接后均应恢复绝缘层。恢复后的绝缘强度不应低于原有绝缘层。常用黄蜡带、涤纶薄膜带和黑胶带作为恢复导线绝缘层的材料,其中黄蜡带和黑胶带选用规格为 20 mm 宽的。

1. 绝缘带包缠方法

将黄蜡带从导线左边完整的绝缘层上开始包缠,包缠两个带宽后就可进入连接处的芯线部分。包至连接处的另一端时,也同样应包入完整绝缘层上两个带宽的距离,如图 7.1.40(a)所示。

包缠时,绝缘带与导线保持约 55°斜角,每圈包缠压叠带宽的 1/2,如图 7.1.40(b)所示;包缠一层黄蜡带后,将黑胶带接在黄蜡带的尾端,按另一斜叠方向包缠一层黑胶带,也要每圈压叠带的 1/2,如图 7.1.40(c)、图 7.1.40(d)所示;或用绝缘带自身套结扎紧,如图 7.1.40(e)所示。

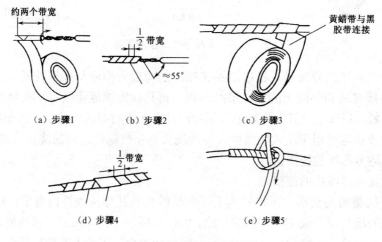

图 7.1.40 绝缘带的包缠

2. 绝缘带包缠注意事项

(1)恢复 380 V 线路上的导线绝缘时,必须先包缠 1~2 层黄蜡带(或涤纶薄膜带),然后再包缠一层黑胶带。

(2)恢复 220 V 线路上的导线绝缘时,先包缠一层黄蜡带(或涤纶薄膜带),然后再包缠一层黑胶带,也可只包缠两层黑胶带。

(3)包缠绝缘带时,不可过松或过疏,更不允许露出芯线,以免发生短路或触电事故。

(4)绝缘带不可保存在温度或湿度很高的地点,也不可被油脂浸染。

手脑并用

练习常用导线的连接

练习内容:

(1) 用电工刀、钢丝钳剖削 1.5 mm² 单股铜芯导线、0.75 mm² 7 股铜芯导线、橡皮护套线,去除 ϕ1 mm 漆包线的绝缘层。

(2) 直接连接和 T 字形分支连接单股、多股导线,并对连接进行绝缘处理。

练习准备:

钢丝钳、电工刀各 1 只,细砂纸若干;1.5 mm² 单股铜芯导线、0.75 mm² 7 股铜芯导线、橡皮护套线、ϕ1 mm 漆包线、黑胶带、黄蜡带若干。

1. 练习步骤及说明

1) 剖削,去除导线、漆包线绝缘层

(1) 剖削单(多)股铜芯导线(参照图 7.1.20 进行)。

① 用左手捏住导线,用钢丝钳的钳口切割绝缘层,但不可切入芯线。

② 用右手握住钢丝钳头部用力向外移,除去塑料绝缘层。

③ 应保持芯线完整无损,如果芯线损伤较大,则应剪去该线头,重新剖削。

(2) 剖削橡皮护套线。

① 先用电工刀刀尖将纺织保护层划开,并将其向后扳翻再齐根切去。

② 削去橡胶层。

③ 将棉纱层散开到根部,用电工刀切去。

(3) 去除漆包线绝缘层。

可用细砂纸将要去除的漆包线线端轻轻磨去,注意不要弄断导线。

2) 导线的连接

(1) 单股铜芯导线的直线连接(参照图 7.1.25 进行)。

先将两导线芯线头相交,互相绞合 2~3 圈后扳直两线头,将每个线头在另一导线上紧贴并绕 6 圈,用钢丝钳切去余下的芯线,并钳平芯线末端。

(2) 单股铜芯导线的 T 形连接(参照图 7.1.27 进行)。

将支路芯线的线头与干线芯线十字相交,在支路芯线根部留出 5 mm,然后顺时针方向缠绕支路芯线,缠绕 6~8 圈后,用钢丝钳切去余下的芯线,并钳平芯线末端。

(3) 7 股铜芯导线的直线连接(参照图 7.1.30 进行)。

先将芯线头散开并拉直,再把靠近绝缘层线段的芯线绞紧,然后把余下的芯线头分散成伞状,并将每根芯线拉直,把两个伞状线头隔根对叉,并拉平两端芯线。把一端的 7 股芯线按 2、2、3 根分成三组,把第一组两根芯线扳起,垂直于芯线,并按顺时针方向缠绕两圈。将余下的芯线向右扳直。再把第二组的两根芯线扳直,也按顺时针方向紧紧压着前两根扳直的芯线缠绕两圈,并将余下的芯线向右扳直。再把第三组的 3 根芯线扳直,按顺时针方向紧紧压着前 4 根扳直的芯线缠绕 3 圈,切去每组多余的芯线,钳平线端。用同样的方法再缠绕另一边的芯线。

(4) 7 股铜芯导线的 T 形分支连接（参照图 7.1.31 进行）。

将分支芯线散开并拉直，再把紧靠绝缘层根部的芯线绞紧，把芯线分成 4 根和 3 根两组并排齐。把干线的芯线分开为两组，再把支线中 4 根芯线的一组插入干线芯线中间，而把 3 根芯线的一组放在干线芯线的前面。把 3 根芯线的一组在干线右边按顺时针方向紧紧缠绕 3～4 圈，并钳平线端；再把左边的 4 根芯线的一组按逆时针方向缠绕 4～5 圈，然后钳平线端。

3) 恢复绝缘层（参照图 7.1.40 进行）

将黄蜡带从导线左边完整的绝缘层上开始包缠，包缠两个带宽后就可进入连接处的芯线部分。包至连接处的另一端时，也同样应包入完整绝缘层上两个带宽的距离。

包缠时绝缘带与导线保持约 55°角，每圈包缠压叠带宽的 1/2。包缠一层黄蜡带后，将黑胶带接在黄蜡带的尾端，按另一斜叠方向包缠一层黑胶带，也要每圈压叠带宽的 1/2。

包缠好后，将连接线端浸入常温水中 30 min，检测应无渗水。

2. 导线连接考核评定

学生在经教师讲解之后，熟悉掌握训练要领，并限时进行训练考核评定（参考表 7.1.2）。

表 7.1.2 导线连接考核评定参考

练习内容	配分	扣分标准		扣分	得分
导线剖削	30 分	(1) 导线剖削方法不正确	扣 10 分		
		(2) 工艺不规范	扣 10 分		
		(3) 导线损伤为刀伤	扣 10 分		
		(4) 导线损伤为钳伤	扣 5 分		
导线连接	40 分	(1) 导线缠绕方法不正确	扣 15 分		
		(2) 导线缠绕不整齐	扣 10 分		
		(3) 导线连接不平直	扣 10 分		
		(4) 导线连接不紧凑且不圆	扣 15 分		
恢复绝缘层	30 分	(1) 包缠方法不正确	扣 15 分		
		(2) 绝缘层数不够	扣 30 分		
		(3) 渗水：渗入内层绝缘	扣 15 分		
		渗入铜线	扣 20 分		
总评（注：各项内容中扣分总值不应超过对应各项内容所配分数）					

1. 填空题

(1) 导线恢复绝缘常用的绝缘材料有_____、_____等。

(2) 导线常用的剖削方法有_____削法、_____削法和_____削法。

(3) 剖削芯线截面在 4 mm^2 以上的塑料硬导线的绝缘层，应选用的电工工具为_____。

2. 选择题

（1）用电工刀剖削塑料硬导线的绝缘层时，应以_____角度切入。
　　A．垂直　　　　　　　B．10°左右　　　　　C．45°左右
（2）进行导线连接的主要目的是_____。
　　A．增加机械强度　　　B．提高绝缘强度　　　C．增加导线长度或分接支路
（3）塑料软导线不可用_____来去除绝缘层。
　　A．剥线钳　　　　　　B．钢丝钳　　　　　　C．电工刀

3. 判断题

（1）对 19 股铜芯导线进行直线连接时，可剪去中间的 10 根芯线以方便连接。　　（　　）
（2）线径较细的漆包线在连接前不必进行绝缘层去除处理。　　（　　）
（3）导线只要实现可靠连接，不需要恢复绝缘层。　　（　　）

第 2 步　荧光灯的安装

学习目标

- ◇ 了解常用电光源、新型电光源及其构造和应用场合
- ◇ 会按图纸要求安装荧光灯电路，能排除荧光灯电路的简单故障

工作任务

- ◇ 认识常用电光源
- ◇ 安装荧光灯电路

认识常见电光源

知识链接

电气照明是利用电能和照明电气设备实现照明的，它广泛应用于生产和生活的各个领域。照明电路一般由电源、导线、控制元器件和灯具等组成，其中照明灯具是照明的主体，它作为照明电路的负载，将电能变成光能，实现照明。

下面对在日常生活中常用的几种照明电路分别进行介绍。

1. 白炽灯

白炽灯也称钨丝灯泡，是白炽灯照明电路的电光源，它由灯丝、玻璃外壳和灯头三部分组成。灯泡的形式有插口和螺口两种，如图 7.1.41 所示，使用时应与相应的插口或螺口灯座相配套。

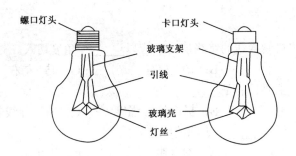

图 7.1.41 白炽灯的构造

民用照明白炽灯的工作电压为 220 V，功率有 15W、20W、25W、40 W 等多种规格。

白炽灯的优点是结构简单，安装方便，价格低廉，广泛用于照明电路。但其发光效率较低，寿命短，平均在 1000 h 左右。白炽灯还有磨砂泡、乳白泡等类型，其发光效率更低。

电子节能灯是在白炽灯电路的基础上，采用电子电路对电压进行变换后送至灯泡驱动其发光，其发光效率得到很大提高，寿命也大大延长，得到越来越广泛的使用。但其主要缺点是价格较贵，且内部电路复杂，维修不方便。

2. 日光灯

日光灯又称荧光灯，是日常生活中应用最普遍的一种照明灯具。其寿命较长，一般为白炽灯的 2~3 倍。发光效率也比白炽灯高得多，但电路较复杂，价格较高，功率因数低（0.5 左右），故障率高于白炽灯，且安装维修比白炽灯难度大。

1）日光灯组成

日光灯电路通常主要由灯管、镇流器、启辉器等部分组成。

（1）灯管：为电路的发光体，其组成如图 7.1.42 所示。

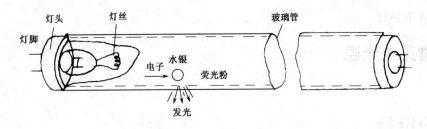

图 7.1.42 日光灯灯管构造

（2）电感式镇流器：是具有铁芯的电感线圈。其作用为：启动时产生瞬时高压点燃灯管，工作时限制灯管电流。其结构形式有单线圈式和双线圈式两种。从外形上分为封闭式、开启式和半开启式三种。如图 7.1.43（a）所示为封闭单线圈式，如图 7.1.43（b）所示为开启双线圈式。

镇流器选用时，其标称功率必须与灯管的标称功率配套相等。

（3）电子镇流器：在日光灯电路中，现已逐渐开始较多地采用电子镇流器来取代传统的电感式镇流器，它节能低耗（自身损耗通常在 1 W 左右），效率高，电路连接简单，不用启辉器，工作时无蜂音，功率因数高（大于 0.9，甚至接近于 1），使用它可使灯管寿命延长一倍。但电子镇流器价格较高。

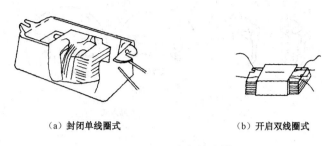

(a) 封闭单线圈式　　　　　　　(b) 开启双线圈式

图 7.1.43　日光灯镇流器

电子镇流器种类繁多,但其基本原理大多基于使电路产生高频自激振荡,通过谐振电路使管两端得到高频高压而点燃。如图 7.1.44 所示为一种日光灯电子镇流器的电路图,图 7.1.45 为采用电子镇流器的日光灯接线图。选用时其标称功率必须与灯管的标称功率配套。

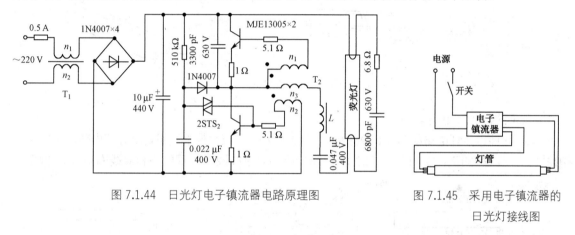

图 7.1.44　日光灯电子镇流器电路原理图　　　图 7.1.45　采用电子镇流器的日光灯接线图

（4）启辉器：又名启动器、跳泡,它是启动灯管发光的元器件。其组成如图 7.1.46 所示。其中电容主要用来吸收干扰电子设备的杂波。若电容被击穿,去掉后仍可使灯管正常发光,但失去了吸收干扰杂波的性能。

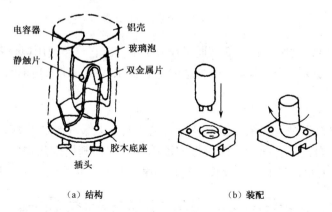

(a) 结构　　　　　　　　(b) 装配

图 7.1.46　启辉器

（5）灯座：一对绝缘灯座将日光灯管支承在灯架上,再用导线连接成日光灯的完整电路。灯座有开启式和插入式两种,如图 7.1.47 所示。

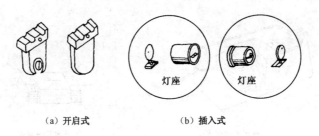

图 7.1.47 日光灯座

（6）灯架：灯架用来装置日光灯电路的各零部件，有木制、铁皮制、铝皮制等几种，其常见外形如图 7.1.48 所示。在选用灯架时其规格应配合灯管长度、数量和光照方向，灯架的长度应比灯管稍长，反光面应涂白色或银色油漆，以增强光线反射。

图 7.1.48 日光灯架

2）常见的日光灯电路

常见的几种日光灯电路如图 7.1.49 所示，其中图 7.1.49（a）为单线圈式单灯管电路，它的应用范围最为广泛，如图 7.1.49（b）和图 7.1.49（c）所示为单线圈双灯管电路和双线圈单灯管电路。

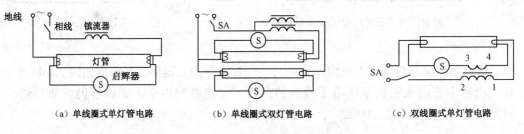

图 7.1.49 日光灯常用电路

线圈式日光灯电路的功率因数较低，通常在 0.5 左右。它将会使用电设备容量得不到充分利用，并增加输电线路的线损，一般可并联合适的电容器来提高电路的功率因数。

3. 卤钨灯

卤钨灯在灯管内充入微量卤族元素，使蒸发的钨与卤素发生化学反应，弥补了普通白炽灯玻璃壳发黑的问题。卤钨灯有两种：碘钨灯和溴钨灯，它们都属于热辐射电光源。其中碘钨灯基本结构如图 7.1.50 所示，它的寿命较长，发光强度大且较稳定，发光效率高。

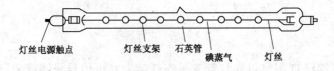

图 7.1.50 碘钨灯

4. 高压汞灯

高压汞灯为气体放电光源。它的特点是光效高、平均寿命长及电压跌落时会出现自熄，且熄灭后再点燃需要 5~10 min。高压汞灯有镇流式和自镇流式两种。

（1）镇流式高压汞灯：其基本结构如图 7.1.51 所示。它的安装电路较简单，它是在普通白炽灯电路基础上串接一个镇流器而组成的。所用灯座应为相应配套的瓷质灯座，镇流器的功率要配合高压汞灯的需要。镇流器宜安装在人体触及不到的地方，并在它的接线柱的端面覆盖保护物，但不可装入箱体内。装于户外的镇流器应有防雨雪措施。

（2）自镇流式高压汞灯：其在外形上与镇流式高压汞灯相同，不同的是它在内部的石英放电管外圈串联一段钨丝来替代外镇流器，如图 7.1.52 所示。其线路简单，安装要求与外镇流式高压汞灯一样。由于没有外镇流器，安装很方便。它的优点是不仅线路简单，安装方便，且效率高，功率因数接近于 1，能瞬时启辉，光色好。缺点是平均寿命短，耐震性差。

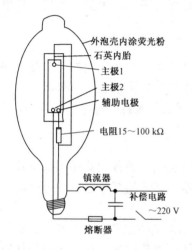

图 7.1.51 镇流式高压汞灯结构及接线

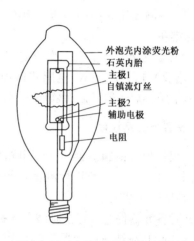

图 7.1.52 自镇流式高压汞灯结构

5. 高压钠灯

高压钠灯的发光强度高，多用于城市街道等场所的照明。它的泡体由硬玻璃制成，灯头与高压汞灯一样制成螺口式。其常用规格有 NG-110（W）、NG-215 等，选用时应配置与灯泡规格相适应的镇流器和触发器等附件，钠灯同汞灯一样，必须选用 E 形瓷质灯座。

6. 霓虹灯

霓虹灯主要用于各种广告、宣传及指示性的灯光装置。

霓虹灯是通过低气压放电而发光的电灯。在灯管两端置有电极，管内通常放置氖、氮、氩、钠等元素，不同元素在工作时能发出不同颜色的光，如氖能发红色或深橙色光，氦能发淡红色光等，管内若置有几种元素，则如同调配颜料一样能发出复合色调的光，也可在灯管内壁喷涂颜色来获得所需色光。

根据霓虹灯管规格的不同，电极工作电压也不同，通常在 4~15 kV 之间，高压电源由专用的霓虹灯变压器提供，霓虹灯装置由灯管和变压器两大部分组成。

7. 低压安全灯

在一些特殊场合特别是危险场所，不能直接用 220 V 交流电源提供照明，必须用降压变压器将 220 V 市电降到 36 V 及以下的安全电压作为照明灯具电源。这种低压照明灯可以确保使用人员在特殊场所或危险场所的人身安全。光源要选用 36 V 或以下的白炽灯泡。

安装荧光灯电路

练习内容：

严格按照损伤规范，在实训板上分别完成单线圈日光灯电路、电子镇流器日光灯电路的安装与检测，并测量电路中的电压、电流值。

练习准备：

常用电工组合工具 1 套，交流电流表、万用表各 1 只，台钻 1 台；木制实训板 1 块，灯架（双线木槽板）1 只，20 W 电感式镇流器、20 W 日光灯管、带软导线的单相插头、开关各 1 只，管座 1 副，启辉器及启辉器座 1 套，塑料绝缘导线、线夹、螺钉、绝缘胶布若干。

1. 安装步骤及说明

（1）根据单线圈镇流器日光灯电路原理图[图 7.1.49（a）]熟悉各元器件，画出其元器件连线示意图，并对相关参数进行测试以判别其好坏（镇流器、灯管的灯丝电阻，电容器的绝缘电阻等），并将检测结果记录下来。

（2）对各元器件进行定位画线。根据连线示意图将各元器件在实训板和灯架上进行位置的安排与摆放，此时应注意：元器件的位置要方便布线和连接，摆放整齐美观，各元器件应疏密相间，并考虑到后期的使用操作安全、方便。标出需要打孔元器件的具体位置，并确定孔径大小。

（3）在实训板和灯架上打孔，在槽板上用电工刀开过线槽，以备布设电源引线。

（4）固定各元器件。将各元器件用木螺钉简单固定到灯架上，并标明各元器件的准确位置，尤其是需要引线的接线柱、孔位置，以便布线时定位准确方便。

（5）在实训板、灯架上敷设导线并连接各元器件。根据各元器件的位置，将电源线在需要连接到各元器件的对应处进行绝缘层去除，注意不要损伤、弄断导线，绝缘层去除的长度应适中，导线间连接处应用绝缘胶带进行绝缘处理。导线应横平竖直，导线长短适中，连接时导线头要顺时针弯成羊眼圈固定在接线柱、孔上，开关应接电源相线。

（6）经检查各元器件及连线均已安装无误后，将各元器件紧固（因镇流器在灯架上方，故暂不紧固），并用线夹固定电源线。在紧固过程中注意力度的掌握，不要损伤元器件或导线。

（7）经初步检查无误后，可试装日光灯管，无问题后则先取下灯管，盖上盖板并固定好。

（8）固定镇流器及吊线并安装好电源插头。

（9）用万用表电阻挡对电路进行静态检测。将电路整体再检查一遍，有无错接、漏接，用万用表电阻挡结合电路原理图、连线图检验有无非正常短路或开路，相线、零线有无颠倒。

（10）静态检测无误后通电试灯，通过测电笔、万用表交流电压挡测试各处电压是否正常，开关能否控制灯泡亮、灭，发现问题及时检修使之工作正常（可参见表 7.1.3）。

表 7.1.3　日光灯常见故障的可能原因及排除方法

故障现象	原　因	排　除　方　法
荧光灯灯管不能发光	(1) 灯座或启辉器底座接触不良 (2) 灯丝断开或灯管漏气 (3) 镇流器内部线圈开路 (4) 电源电压太低	(1) 转动灯管，使灯管四极和灯座四夹座接触，使启辉器两极与底座两铜片接触，找出原因并修复 (2) 用万用表检查确认灯管是否损坏，更换新管 (3) 修理或调换镇流器 (4) 不必修理
荧光灯抖动或两头发光	(1) 接线错误或灯座灯脚松动 (2) 启辉器氖泡内动、静触片不能分开或电容器击穿 (3) 镇流器配用规格不合适或接头松动 (4) 灯光陈旧 (5) 电源电压过低	(1) 检查线路或修理灯座 (2) 将启辉器取下，用两把螺丝刀的金属头分别触及启辉器底座两块铜片，然后将两根金属杆相碰并立即分开。如灯管能跳亮，则是启辉器坏了，更换 (3) 调换适当镇流器或加固接头 (4) 调换灯管 (5) 如有条件升高电压
灯管两端发黑或生黑斑	(1) 灯管陈旧 (2) 若是新灯管，可能因启辉器损坏使灯丝发射物质加速挥发	(1) 调换灯管 (2) 调换启辉器
灯光闪烁或光在管内滚动	(1) 新灯管暂时现象 (2) 灯管质量不好 (3) 镇流器配用规格不符或接线松动 (4) 启辉器损坏或接触不好	(1) 开用几次或对调灯管两端 (2) 换一根灯管试一试有无闪烁 (3) 调换合适的镇流器或加固接线 (4) 调换启辉器或加固启辉器
灯管光度减低或色彩转差	(1) 灯管陈旧 (2) 灯管上积垢太多 (3) 电源电压太低 (4) 气温过低或冷风直吹灯管	(1) 调换灯管 (2) 清除积垢 (3) 调整电压 (4) 加防护罩或避开冷风
灯管寿命短或发光后立即熄灭	(1) 镇流器配用规格不合；镇流器内部线圈短路，导致灯管电压过高 (2) 受到剧烈振动，使灯丝振断 (3) 新灯管因接线错误使灯管烧坏	(1) 调换或修理镇流器 (2) 调换安装位置或更换灯管 (3) 检修线路
镇流器有杂音或电磁声	(1) 镇流器质量较差或其铁芯的硅钢片松动 (2) 镇流器过载或内部短路 (3) 镇流器受热过度 (4) 电源电压过高引起镇流器发出声音 (5) 启辉器不好引起开启时辉杂音 (6) 镇流器有微弱声，但影响不大	(1) 调换镇流器 (2) 调换镇流器 (3) 检查受热原因 (4) 如有条件设法降压 (5) 调换启辉器 (6) 属正常现象。可用橡皮垫衬，以减小振动
镇流器过热或冒烟	(1) 电源电压过高，或容量过低 (2) 镇流器内线圈短路 (3) 灯管闪烁时间长或使用时间太长	(1) 有条件可调低电压或更换容量较大的镇流器 (2) 调换镇流器 (3) 检查闪烁原因或减少连续使用的时间

　　(11) 用交流电流表、交流电压表分别测量出电路中总电流值 I 及总电压值 U（注意安全，正确选择仪表的功能挡及量程，下同），并将测量结果记录下来。

　　(12) 断开电路，拆除电感式镇流器，改接入电子镇流器，连接时注意其连接说明，将各导线组分别接至对应的元器件、导线上，检测无误后接通电源，待灯管发光后，再测量出电路总电流 I' 值及总电压 U' 值，并将测量结果记录下来。

　　(13) 将连接线路及测量数据、结果交老师检查。

　　日光灯电路安装连接参考示意图如图 7.1.53 所示。

2. 日光灯电路安装与检测考核评定

　　学生在经教师讲解之后，熟悉掌握训练要领，并限时进行训练考核评定（参考表 7.1.4）。

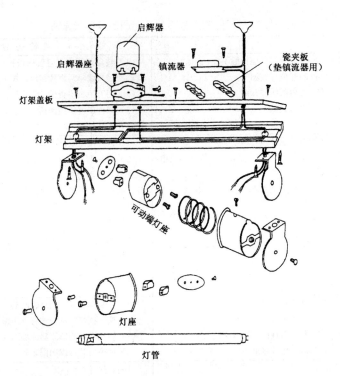

图 7.1.53 日光灯电路安装参考示意图

表 7.1.4 日光灯电路安装与检测考核评定参考

训练内容	配 分	扣 分 标 准	扣分	得分
定位 画线 打孔 开过线槽	30分	(1) 定位不准，每处扣5分 (2) 画线不直扣10分 (3) 打孔不直或未打好，每处扣5分 (4) 过线槽未开好（深、宽度不适中，板开裂）每处扣5分		
固定元器件和 固定导线	40分	(1) 元器件或导线固定不牢扣5分 (2) 槽板损坏，每处扣5分 (3) 元器件损坏或导线损伤，每处扣10分 (4) 槽板盖不严扣10分		
接线	30分	(1) 接线头未顺时针旋好，每处扣3分 (2) 导线绝缘未做好或电线固定处有毛刺，每处扣5分 (3) 接线错误，每处扣10分		
总评（注：各项内容中扣分总值不应超过对应各项内容所配分数）				

巩固提高

1. 填空题

(1) 普通日光灯电路通常由_____、_____、_____、_____等元器件组成。

(2) 一只镇流器的功率为 20 W，则应配套选择日光灯管的功率为_____W。
(3) 将欧姆表两接线端分别跨接在日光灯管两端任一灯脚之间，测得的电阻值应为_____。

2. 选择题

(1) 启辉器中的两触点在静态时应处于（　　）状态。
　　A．开路　　　　　　　B．短路　　　　　　　C．不一定

(2) 开关断开后，日光灯管仍发微光，可能原因是（　　）。
　　A．灯管损坏　　　　　B．开关误接到零线上　　C．电源电压过低

3. 判断题

(1) 由电子镇流器组成的日光灯电路不需要启辉器的作用也能工作。　　　　（　　）
(2) 若启辉器内部并联的电容损坏，可将其拆除，启辉器仍能起启辉作用。　（　　）
(3) 电路中熔断器突然烧断，此时应立即切断电源，然后更换同规格熔断器，再闭合电源开关恢复供电。　　　　　　　　　　　　　　　　　　　　　　　　　　（　　）

第3步　测试交流电路的功率

学习目标

◇ 理解电路中瞬时功率、有功功率、无功功率和视在功率的物理概念，会计算电路的有功功率、无功功率和视在功率
◇ 理解功率三角形和电路的功率因数，了解功率因数的意义
◇ 了解提高电路功率因数的意义及方法
◇ 会使用仪表测量交流电路的功率和功率因数，了解感性电路提高功率因数的方法及意义

工作任务

◇ 测试交流电路的功率

电动式功率表的使用

知识链接

常用的电动式功率表如图 7.1.54 所示，它有三个电压量限和两个电流量限，它们的选择与电压表和电流表一样，即量限在大于测量值的基础上应尽可能小，测量值最好为量限的 1/3～1 之间。

其实，电压量限的改变就是在电动式测量机构的动圈基础上串接不同的附加电阻而形成的，所以电动式功率表中的电压线圈就是动圈。而电流量限的改变则是通过定圈两部分的串、并联连接的方式改变来实现的，即电动式功率表的电流线圈是定圈。

图 7.1.54　电动式功率表

电压量限的选择方法与一般多量限电压表一样,"*U"为公共接线端,U_1、U_2、U_3 分别为三个电压量限的另一接线端。定圈的串、并联方式的改变是通过搭片来实现的,图 7.1.54 中的右侧四个就是电流端钮,下面两个接线柱为电流的接线端,上面两端钮下各有一个金属搭片。当两个搭片竖搭时,为大电流量限,此时定圈的两部分并联,量限的大小为定圈额定电流的两倍,如图 7.1.55(a)所示;当两个搭片横搭时,为小电流量限,此时定圈的两部分串联,量限的大小等于定圈的额定电流,如图 7.1.55(b)所示。

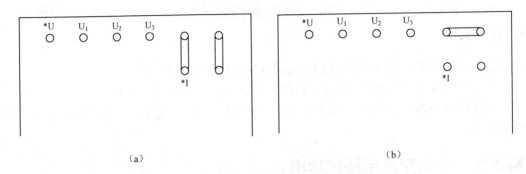

图 7.1.55 电流量限测功率

功率表的量限一般就等于电压量限和电流量限的乘积。

除了正确选择量限外,正确连接发电机端是使用功率表时一个十分重要的问题。电表上标有"*U"和"*I"的接线端就是所谓的"发电机端"。发电机端的接线规则是:

(1)电流支路的发电机端必须接电源一侧。
(2)电压支路的发电机端必须接电流线圈所在的一侧。

如图 7.1.56 所示,电源在左侧,所以"*I"端子接在左侧;电流线圈接在上侧电源线中,所以"*U"与上侧电源线相接。

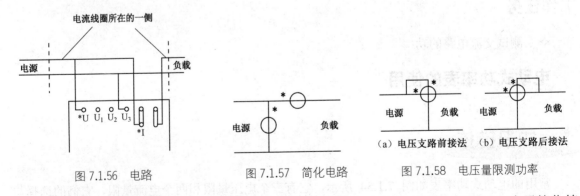

图 7.1.56 电路　　图 7.1.57 简化电路　　图 7.1.58 电压量限测功率

若用符号来表示功率表的接线,图 7.1.56 所示的电路可用图 7.1.57 来表示。为了简化符号,又常将定圈和动圈组合起来,将图 7.1.57 画成图 7.1.58(a)形式。图 7.1.58(a)为电压支路前接法测量电路,图 7.1.58(b)为电压支路后接法测量电路。前接法就相当于伏安法测量电阻中的安培表内接法(也可以说成电压表前接法),后接法就相当于伏安法测量电阻中的安培表外接法(也可以说成电压表后接法)。它们的不同与伏安法测电阻内接法和外接法的区别一样。

交流电路的功率

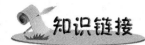

在交流电路中,功率关系变得很复杂,其原因就在于电压和电流间的相位差。

在交流电路中,电压有效值和电流有效值的乘积被称为视在功率(S),即看似存在的功率。

$$S = UI$$

电阻元器件是耗能元器件,在 R、L、C 元器件组成的交流电路中,电阻的功率就是电路实际损耗的功率,也就是电路的平均功率或有功功率(P),即电阻元器件上的视在功率和有功功率相等。

电感和电容是储能元器件,它们在交流电路中并不损耗能量,所以电容器和电感器的功率是无功功率(Q),即储能元器件的视在功率和无功功率相等。

某交流电路电压和电流的相位差为 φ,则电路的有功率和无功功率分别为

$$P = UI\cos\varphi$$
$$Q = UI\sin\varphi$$

有功功率、无功功率和视在功率间的关系满足勾股定理,称为功率三角形,即

$$S^2 = P^2 + Q^2$$

为了区分有功功率、无功功率和视在功率,三个功率的单位本质虽是一样,但形式却有所不同。视在功率的单位为伏安(V·A),有功功率的单位为瓦(W),而无功功率的单位为乏(var)。

功率因数及功率因数的提高

上面表达式 $UI\cos\varphi$ 中的 $\cos\varphi$ 是电路的功率因数。所谓功率因数也是电路中电压和电流相位差的余弦,其数值等于有功功率与视在功率的比值。功率因数反映了电源功率利用率的大小。

如某电源的容量为 10 kVA,若一用电器的功率因数为 0.6,功率为 1 kW,则该电流可带 6 个这样的负载。

$$n = \frac{S}{\frac{P}{\cos\varphi}} = \frac{10\text{ k VA}}{\frac{1\text{ kW}}{0.6}} = 6$$

若电器仍为 1 kW,但功率因数提高到 0.8,则该电源可带 8 个这样的负载。

$$n = \frac{S}{\frac{P}{\cos\varphi}} = \frac{10\text{ k VA}}{\frac{1\text{ kW}}{0.8}} = 8$$

可见,电路的功率因数越高,电源的利用率也就越高,电源所带的负载也就越多。

一般交流电路都呈感性,所以提高功率因数就是使电路的感性减弱,其办法就是在实际电

路中接电容器。接电容器有两种方法：串联和并联，如图 7.1.59 所示。左图中电容器接入后，负载两端的电压仍是额定电压，即左图接入电容器提高功率因数的同时还能保证负载正常工作。右图接入电容器后，虽提高了功率因数，但负载两端的电压不再是额定电压，即负载不能正常工作。所以只能采用并联电容器的方法来提高功率因数。

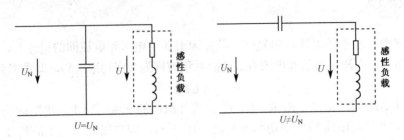

图 7.1.59　电容器接法

交流电路功率因数的提高

练习目的：
理解改善电路功率因数的意义并掌握其方法。

练习准备：
交流电压表（0～500 V）1 只、交流电流表（0～5 A）1 只、功率表 1 只、日光灯套件 1 套、电容箱。

1. 日光灯工作原理

当接通电源后，启辉器内发生辉光放电，双金属片受热弯曲，触点接通，将灯丝预热使它发射电子，启辉器接通后辉光放电停止，双金属片冷却，又把触点断开，这时镇流器感应出高电压加在灯管两端使日光灯管放电，产生大量紫外线，灯管内壁的荧光粉吸收后辐射出可见光，日光灯就开始正常工作。启辉器相当于一只自动开关，能自动接通电路（加热灯丝）和断开电路（使镇流器产生高压，将灯管击穿放电）。镇流器的作用除了感应高压使灯管放电外，在日光灯正常工作时，起限制电流的作用，镇流器的名称也由此而来。由于电路中串联着镇流器，而它是一个电感量较大的线圈，因而整个电路的功率因数不高。

2. 提高电路的功率因数并测试

（1）对照图 7.1.60 连接好电路（功率表的电压量限和电流量限请根据电表和负载的实际情况进行选择）。

（2）将 S 断开，接通电源，读出各电表的读数，填入表 7.1.5 中。

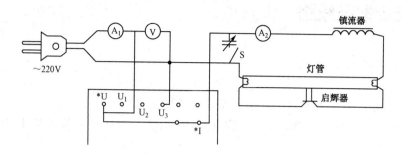

图 7.1.60 实验电路

表 7.1.5 功率和功率因数计算数据

电容	电压表 V 读数	电流表 A_1 读数	电流表 A_2 读数	功率表读数	视在功率	有功功率	功率因数

(3) 将 S 闭合，电容箱的容量调到最小，接通电源，读出各电表的读数，填入表 7.1.5 中。

(4) 分别将电容箱调至各值（具体值由老师根据实际情况设定），重复测量电压和电流，并填入表 7.1.5 中。

(5) 计算各视在功率和功率因数，填入表 7.1.5 中。

巩固提高

1. 填空题

视在功率是指交流电路中_____，有功功率是指_____，无功功率是指_____，它们的关系是_____。

2. 简答题

(1) 为了提高功率因数，常在感性负载上并联电容器，试问电路的总电流是增大还是减小？此时感性元器件上的电流和功率是否改变？

(2) 提高电路功率因数为什么只采用并联电容法，而不采用串联法？所并联的电容器是不是越大越好？

项目2　安装配电线路

学习目标

- ◇ 会使用单相感应式电能表，了解新型电能计量仪表
- ◇ 了解照明电路配电板的组成，了解电能表、开关、保护装置等元器件的外部结构、性能和用途

工作任务

- ◇ 识读配电板电路图

识读配电板电路图

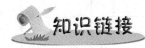知识链接

配电板（箱）是一种连接在电源和多个用电设备之间的电气装置。它主要用来分配电能和控制、测量、保护用电器等，一般由进户总熔丝盒、电度表、电流互感器、控制开关、过载或短路保护电器等组成，容量较大的还装有隔离开关。总熔丝盒一般装在进户管的户内侧墙上，而电度表、电流互感器、仪表、控制开关、保护电器等均装在同一块配电板（箱）上。通常的配电板组成如图7.2.1所示。

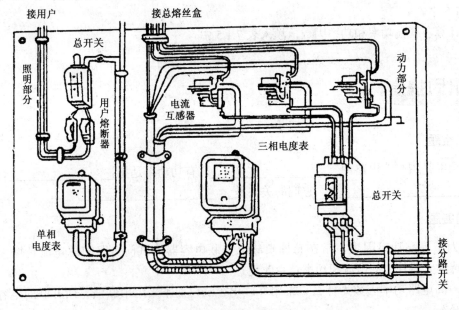

图7.2.1　配电板的组成

配电箱按用途可分为照明配电箱和动力配电箱；按材料分有木质、铁质和塑料等；按安装方式分明装和暗装两种方式；按制造方式分为自制配电箱和成品配电箱，自制配电箱根据具体施工情况而制作，它主要由盘面和箱体两大部分组成，不要箱体只要盘面板的配电装置称为配电板或配电盘，而成品配电箱由制造厂按一定的配电系统方案配制。本单元主要介绍自制配电箱的组成、制作与安装。

1. 组成配电板（箱）的主要元器件

1）交流电度表

交流电度表又称火表，它是累计记录用户一段时间内消耗电能多少的仪表，在工业和民用配电线路中应用广泛。电度表按其结构及工作原理主要分为电气机械式、电子数字式等，其中电气机械式电度表数量多，应用最广；按其测量的相数分，可分为单相电度表和三相电度表。

（1）单相电度表。

单相电度表多用于家用配电线路中，其规格多用其工作电流表示，常用规格有 1 A、2 A、3 A、4 A、5 A、10 A、20 A 等。

单相电度表的外形如图 7.2.2 所示。当用户的用电设备工作时，其面板窗口中的铝盘将转动，带动计数机构在其机械式计数器窗口中显示出读数。电路中负载越重，铝盘旋转越快，用电也越多。

一般家庭用电量不大，电度表可直接接在线路上，单相电度表接线盒里共有四个接线桩，从左至右按 1、2、3、4 编号。直接接线方法一般有两种：①按编号 1、3 接进线（1 接相线，3 接零线），2、4 接出线（2 接相线，4 接零线），如图 7.2.3 所示；②按编号 1、2 接进线（1 接相线、2 接零线），3、4 接出线（3 接相线，4 接零线）。由于有些电度表的接线方法特殊，在具体接线时，应以电度表接线盒盖内侧的线路图为准。

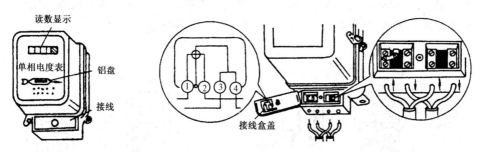

图 7.2.2 单相电度表外形　　　图 7.2.3 单相电度表的接线

单相电度表的选用规格应根据用户的负载总电流来定。可根据公式 $P = UI$（$U = 220\,\text{V}$）计算出用电总功率，再来选择相应规格的电度表。

单相电度表一般应装在配电盘的左边或上方，而开关应装在右边或下方。与上、下进线间的距离大约为 80 mm，与其他仪表左右距离大约为 60 mm。安装时应注意，电度表与地面必须垂直，否则将影响电度表计数的准确性。

（2）三相电度表。

三相电度表主要用于动力配电线路中，其基本工作原理与单相电度表相似。随着大功率的家用电器（如空调器、热水器）的普及，三相电度表也正在步入家庭。它按接线不同分为三相四线制和三相三线制两种。由于负载容量和接线方式不同又可分为直接式和互感器式两种。

直接式常用于电流容量较小的电路中，常用规格有 10 A、20 A、50 A、100 A 等，互感式三相电度表的基本量程为 5 A，可按电流互感器的不同比率（变比）扩大量程，常用于电流容量较大的电路中。

（3）电子式电度表。

电子式电度表主要利用电子线路来实现电能的计量、检测。测量准确度高，且自身能耗较低，使用寿命长，较好地克服了机械式电度表计量误差大、电度表本身耗电量较高的缺点。并且在此基础上又发展了卡式电度表和远程抄表系统，使电能的管理实现智能自动控制，大大提高了电力管理部门的工作效率。作为一种发展的趋势，电子式电度表正得到越来越广泛的应用。

2）闸刀开关

闸刀开关是用来控制电路接通或切断的手动低压开关。在家用配电板（箱）上，闸刀开关通常用 5 A 或 10 A 的二极胶盖闸刀开关（开启式负荷开关），其结构如图 7.2.4 所示。闸刀开关底座上端与静触点相连的一对接线桩规定接电源进线；底座下端的一对接线桩，通过熔丝与动触点（刀片）相连，规定接电源出线。这样当闸刀拉下时，刀片和熔丝均不带电，装换熔丝比较安全。闸刀安装时，手柄要朝上，不能倒装或平装，以避免刀片及手柄因自重下落，引起误合闸，造成事故。在三相动力配电板（箱）上，则采用三极胶盖闸刀，其结构与二极胶盖闸刀开关相似。由于其结构简单，操作方便，在低压电路中应用很广泛。

3）熔断器

熔断器的功能是在电路短路和过载时熔断熔体并切断电路，从而起保护作用。家用配电板多用小容量的瓷插式熔断器（瓷插保险），其结构如图 7.2.5 所示。它由瓷底和插件两部分组成。电源进、出线接在底座的两个接线桩上。熔丝则装在插件的两颗螺钉上。熔丝规格应视熔丝负载电流总量的大小来选择。电流越大，所用熔丝规格越大。若熔丝熔断，应查明原因，待线路正常后再换上同规格熔丝。装换熔丝时不得任意加粗，更不准用其他金属丝代替，以免造成事故。此类熔断器的价格低廉，主要缺点是极限分断能力较差。

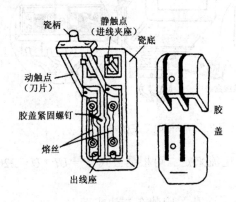 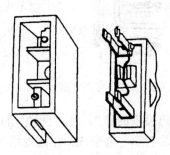

图 7.2.4　胶盖瓷底闸刀开关　　　　　　图 7.2.5　瓷插式熔断器

4）电流互感器

电流互感器是一种特殊的变压器，广泛应用于工作电流较高的电力系统中，是供测量和继电保护用的重要电气设备，主要作用是电流变换和电路隔离，常和电度表等测量仪表配合使用。它的组成如图 7.2.6 所示。安装时，电流互感器应装在电度表的上方；其次级标有"K_1"或"+"的接线柱要与电度表电流线圈的进线桩连接，标有"K_2"或"-"的接线柱要与电度表电流线圈的出线桩连接，不可接反，电流互感器的初级标有"L_1"或"+"的接线桩应接电源进线，标有"L_2"或"-"的接线桩应接电源出线；次级的"K_2"或"-"、外壳和铁芯都必须可靠接地。

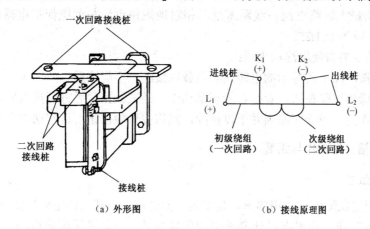

图 7.2.6　电流互感器

5）漏电保护器

漏电保护器是一种用于防止因触电、漏电引起的人身伤亡事故、设备损坏及火灾的安全保护电器。它因不同电网、不同用户及不同保护的需要，有很多类型。按其动作原理可分为电压动作型和电流动作型两种。因电压动作型的结构复杂，检测性能差，动作特性不稳定，易误动作等，目前已趋于淘汰。现在多用电流动作型（剩余电流动作保护器）。按其内部动作结构又可分为电磁式和电子式。其中电子式可以灵活地实现各种要求和具有各种保护性能，并向集成化方向发展。现以电子式为例进行说明其工作原理及使用。

（1）电子式漏电保护器工作原理。

家用单相电子式漏电保护器的外形及动作原理如图 7.2.7 所示。其主要工作原理为：当被保护电路或设备出现漏电故障或有人触电时，有部分相线电流经过人或设备直接流入地线而不经零线返回，此电流则称为漏电电流（或剩余电流），它由漏电流检测电路取样后进行放大，在其值达到漏电保护器的预设值时，将驱动控制电路开关动作，迅速断开被保护电路的供电电源，从而达到防止漏电或触电事故的目的。而若电路无漏电或漏电电流小于预设值时，电路的控制开关将不动作，即漏电保护器不动作，系统正常供电。

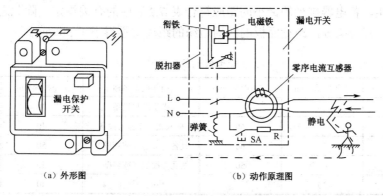

图 7.2.7　漏电保护器

(2) 漏电保护器的使用。

在选用漏电保护器时，首先应使其额定电压和额定电流值大于或等于线路的额定电压和负载工作电流，其次应使其脱扣器的额定电流也大于或等于线路负载工作电流。其极限通断能力应大于或等于线路最大短路电流，线路末端单相对地短路电流与漏电保护电器瞬时脱扣器的整定电流之比应大于或等于 1.25。

漏电保护器的安装与使用注意事项：

① 安装时应按产品上所标示的电源端和负载端接线，不能接反。

② 使用前应操作试验按钮，看是否能正常动作，经试验正常后方可投入使用。

③ 有漏电动作后，应查明原因并予以排除，然后按试验按钮，正常动作后方可使用。

2. 配电板（箱）的制作与组装

1) 盘面板的组装

盘面板一般固定在配电箱的箱体里，是安装元器件用的。其制作主要步骤如下：

（1）盘面板的制作。应根据设计要求来制作盘面板。一般家用配电板的电路如图 7.2.8 所示，根据配电线路组成及各元器件规格来确定面板的长宽尺寸，盘面板四周与箱体边之间应有适当缝隙，以便在配电箱内安装固定，并在板后加框边，以便在反面布设导线，其参考尺寸如图 7.2.9 所示。为节约木材，盘面板的材质已广泛采用塑料代替。

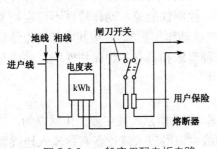

图 7.2.8 一般家用配电板电路

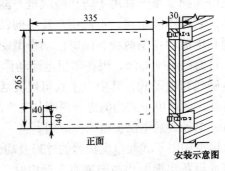

图 7.2.9 配电板尺寸与上墙示意图（单位：mm）

（2）电器排列。将盘面板放平，把全部元器件、电器、装置等置于上面，先进行实物排列。一般将仪表放在上方，各回路的开关及熔断器要相互对应，放置的位置要便于操作和维护，并使盘面板的外形整齐美观。

（3）排列间距。各电器排列的最小间距应符合表 7.2.1 中的有关规定，除此之外，其他各种元器件、出线口、瓷管头等，距盘面板的四周边缘的距离均不得小于 30 mm。

表 7.2.1 配电板上各元器件间距表

相邻设备名称	上下距离/mm	左右距离/mm	相邻设备名称	上下距离/mm	左右距离/mm
仪表与线孔	80		指示灯与设备	30	30
仪表与仪表		60	插入式熔断器与设备	40	30
开关与仪表		60	设备与板边（或箱壁）	50	50
仪表与开关		50	线孔与板边（或箱壁）	30	30
开关与线孔	30		线孔与线孔	40	

（4）盘面板的加工。按照电器排列的实际位置，标出每个电器的安装孔和出线孔（间距要均匀）的位置，然后进行盘面板的钻孔（如采用塑料板，应先钻一个 $\phi 3\,mm$ 的小孔，再用木螺钉固定电器）和盘面板的刷漆。如采用铁质盘面板，一般使用厚度不小于 $2\,mm$ 的铁板制作，做好后应做防腐处理，先除锈再刷防锈漆。

（5）电器的固定。待盘面板上的漆干了以后，在出线孔套上瓷管头（适用于木质和塑料盘面）或橡皮护套（适用于铁质盘面）以保护导线。然后将全部电器摆正固定，用木螺钉将电器固定牢靠。

2）盘面板的配线

（1）导线选择。根据仪表和电器的规格、容量及安装位置，按设计要求选取导线截面和长度。

（2）导线敷设。盘面导线须排列整齐，绑扎成束。一般用卡钉固定在盘面板的背面。盘后引入和引出的导线留出适当的余量，以便于检修。

（3）导线的连接。导线敷设好后，即可将导线按设计要求依次正确、可靠地与电器元器件进行连接。

3）盘面板的安装要求

（1）电源的连接。垂直装设的开关或熔断器等设备的上端接电源，下端接负载；横装的设备左侧（面对配电板）接电源，右侧接负载；螺旋式熔断器的螺旋端子接负载。

（2）接零母线。接零系统中的零母线，一般由零线端子板分路引至各去路或设备，零线端子板上分去路的排列位置，应与分支路熔断器的位置相对应。接地或接零保护线，应先通过地线端子，再用保护接零或接地端子板分路。

（3）相序分色。对于母线颜色的选用或标涂应根据母线类别来进行。一般规定如下：三相电源线 L1、L2、L3 分别用黄、绿、红线表示，中性线用紫色线表示，接地线用紫底黑条线表示。

（4）卡片框。盘面板上所有电器的下方均安装"卡片框"，以标明其回路的名称，并可在适当部位标出电气接线系统图。

（5）加包铁皮。木制盘面板在负载较大时应加包铁皮。

4）箱体制作

配电箱的箱体开关和外形尺寸一般应符合设计要求，或根据安装位置及电器容量、间距、数量等条件进行综合考虑，选择适当的箱体。

5）配电箱安装

配电箱的安装方式主要有悬挂式（直接定挂在墙壁上或支架、柱体上）、嵌墙式（嵌入或半嵌入墙体中）和落地式（箱体固定在地面上）三种，在安装时应注意如下几点。

（1）配电极、箱紧固配件应先埋入墙体，挂式配电箱宜采用胀管螺栓固定。

（2）暗装配电箱时，墙壁内预留孔洞，应比配电箱的外形尺寸大 $20\,mm$ 左右，配电箱的封装入墙可用水泥砂浆填实固定。

（3）配电箱的安装高度应按设计要求确定。若无规定，其底边距地面的高度，暗装一般为 $1.4\,m$，明装不小于 $1.8\,m$，操作手柄距侧墙的距离不应小于 $200\,mm$。

（4）配电箱外壁与墙有接触的部分应涂防腐漆，箱内壁及安装面均刷两道驼色油漆。箱门颜色一般与工程门窗颜色相同。

（5）接零系统中的零线应在引入线处及末端配电箱处做好重复接地。

3. 模数化终端组合电器

模数化终端组合电器主要用于电力线路末端,是由模数化卡装式电器以及它们之间的电气、机械连接和外壳等构成的组合体。它根据用户的需要选用合适的电器,构成具有配电、控制保护和自动化等功能的组合电器。由于模数化终端组合电器的诸多功能及优点,现在配电线路中已得到极为广泛的应用。如使用较多的 PZ20 和 PZ30 系列两种模数化终端组合电器,具有如下功能。

(1) 轨道化安装,一般都采用"顶帽型"安装轨,如图 7.2.10 所示。可将开关电器方便地固定、拆卸、移动或重新排列,实现组合灵活化。

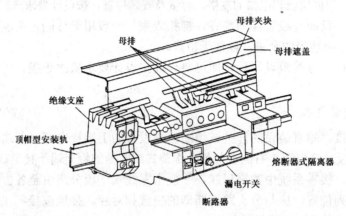

图 7.2.10 装有各种元器件的组合电器的内部结构

(2) 元器件尺寸模数化,外形尺寸、接线端位置均相互配套一致。

(3) 功能组合多样,能满足不同需要。

(4) 壳体外设有保护罩盖,外形美观大方,壳体内设有可靠的中性线和接地端子排、绝缘组合配线排,接线、使用时安全性能好,缺乏电气知识的非熟练人员可方便使用。

模数化终端组合电气的选用与安装,应根据用户实际使用要求,确定组合方案,算出所用电器元器件的总宽度,再选择所需外壳容量,并选定型号。然后,将其放入已预留孔洞的墙体中,并根据设计的电气线路图进行连线,连接完成后将其固定到墙体中即可。对于组合电气中元器件的拆卸和安装均比较方便,如图 7.2.11 所示。

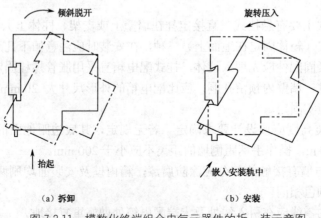

图 7.2.11 模数化终端组合电气元器件的拆、装示意图

练习作业：

试设计、装配一块家用木制配电板，主要要求：根据图 7.2.12 所示电路原理图，按照正确操作规范，利用提供的相关元器件完成配电板的安装，并对配电板进行检测与维修。

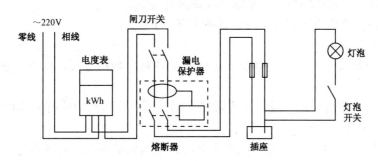

图 7.2.12　家用配电板电路原理图

练习准备：

万用表、电工刀、一字螺丝刀、十字螺丝刀、测电笔、尖嘴钳各 1 只，台钻 1 台，木质配电盘面板 1 块，单相电度表、家用单相电子式漏电保护器、单相闸刀开关、熔断器、两眼插座、三眼插头、螺口灯泡、螺口灯座、灯头开关各 1 只，木螺钉、多色单股导线、两芯电源线若干。

1. 安装步骤及说明

本次训练中，为了便于组织，主要进行家用木制配电板的装配与检测，为了安装与测试方便，配电盘面板可选用设计好的成品木质板面；用三相插头线引入单相 220 V 交流电压；并在接负载的输出端并联接入一个白炽灯电路，灯泡的通断由灯头开关控制；电压由两眼插座输出。

1) 安装要求

（1）布线规则。

① 左零右相，即配电板正向摆放时，应使各元器件的左侧接零线，右侧接相线。

② 灯头开关和螺口灯座的内触头应接相线。

③ 背面布线横平竖直，分布均匀，避免交叉，导线转角应圆成 90°，圆角呈圆弧形自然过渡。

（2）按电源相线流经的顺序，确定元器件摆放顺序为：三眼插头→单相电度表→单相闸刀→漏电保护器→熔断器盒→两眼插座冲灯头开关→灯头座（灯泡）。

（3）外观要求。

① 元器件中仪表应放于上方，并便于操作和维护，整体布局均匀美观。

② 采用暗敷方式，正面仅放置元器件，反面统一布线。

③ 与有垫圈的接线桩连接时，线头应弯成"羊眼圈"，其大小应略小于垫圈。

④ 导线下料长短适中，裸露部分要少，压接后裸线部分不得长于 1 mm，以避免发生非正常线间短路，线头连接应紧固到位。

2）安装步骤

（1）根据电路原理图，在装配板上摆放元器件，妥善安排好各自位置，设计、画出实际连线图。

（2）确定接线孔位置，并做好标记。

（3）在接线孔标记处用台钻钻孔。

（4）用木螺钉固定各元器件。

（5）根据设计好的连线图按装配要求从反面进行连线。

（6）在配电板一侧用电工刀开一窄槽以备走电源引线。

（7）两芯电源线剥头。

（8）将两芯电源线分别与三眼插头、配电板上各对应端相连接，注意"左零右相"，不能接错。

（9）将配电板整体再检查一遍、有无接错，用万用表电阻挡检验有无非正常短路、开路，相、零、地线有无颠倒。

（10）经初步检查无误后，在灯座上装上灯泡，检测如下内容：电灯的亮、灭，电度表铝盘随负载变化时的转动情况，万用表交流电压挡测试配电板上各处电压是否正常，闸刀、熔断器、漏电保护器是否能起控制、保护作用，插座能否输出 220 V 交流电压，开关能否控制灯泡的亮、灭，发现问题及时检修使之最终工作正常。

（11）交老师检测、验收。

配电板整体布局走线示意图如图 7.2.13 所示。

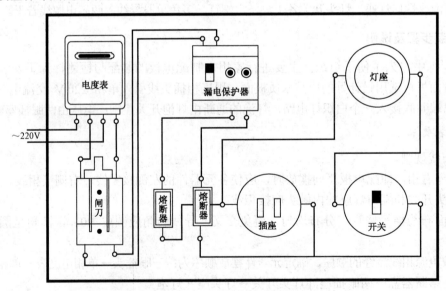

图 7.2.13　配电板整体布局走线示意图

2．配电板安装练习考核评定

学生在经教师讲解之后，熟悉掌握练习要领，并限时进行练习考核评定（参考表 7.2.2）。

表 7.2.2　配电板安装训练考核评定参考

训练内容	配分	扣分标准		扣分	得分
外观检查	40分	（1）元器件摆放不合理	扣10分		
		（2）紧固不到位，有松动，每处	扣5分		
		（3）元器件损坏，每个	扣10分		
		（4）导线颜色选用不正确，每处	扣5分		
		（5）导线支线不平直、有交叉，每处	扣5分		
		（6）导线长短不适中，裸线过长，每处	扣5分		
静态检测	40分	（1）电路转化错误	扣25分		
		（2）不符合左零右相等布线原则，每处	扣5分		
		（3）非正常短路、开路，每处	扣5分		
		（4）接触不良，每处	扣5分		
通电测试	20分	（1）通电后熔断器熔断或漏电保护器跳闸	扣15分		
		（2）电路闭合后灯泡不亮，插座无电压输出	扣10分		
		（3）短路、漏电部分不能起保护作用，每处	扣5分		
总评（注：各项内容中扣分总值不应超过对应各项内容所配分数）					

巩固提高

1．填空题

（1）在家用配电板中，用来计量用电多少的仪表是_____。

（2）在配电板是，仪表的安放位置一般在面板的_____方。

（3）配电板上，相线应选_____色，零线应选_____色。

2．选择题

（1）闸刀开关在安装时，手柄必须（　　）安装。

　　A．向上　　　　　　　B．向下　　　　　　　C．水平

（2）若配电线路在工作时，漏电保护器忽然自动断开，则此时可能是出现（　　）所致。

　　A．漏电　　　　　　　B．负载开路　　　　　C．停电

（3）当配电板正向放置时，两眼插座的左侧应接电源的（　　）线，右侧应接电源的（　　）线。

　　A．零、相　　　　　　B．相、零　　　　　　C．地、零

3．判断题

（1）若熔断器中的熔丝被熔断，应将熔丝规格换大一点，以防再次被烧断。（　　）

（2）若拉下电源闸刀，此时后面负载上的电压应为0V。（　　）

（3）在连线时，为了连接方便，导线应尽量先长些，且其端头的裸线部分长些为好。

（　　）

参 考 文 献

[1] 王家元. 电工基础实验与实训[M]. 北京：电子工业出版社，2008.
[2] 李传珊. 电工基础[M]. 北京：电子工业出版社，2009.
[3] 陈学平，等. 电工技术基础与技能实训教程[M]. 北京：电子工业出版社，2006.
[4] 马永祥. 电工技术基础[M]. 北京：电子工业出版社，2008.
[5] 沈国良. 电工基础[M]. 北京：电子工业出版社，2008.
[6] 韩广兴. 电工基础技能学用速成[M]. 北京：电子工业出版社，2009.
[7] 覃小珍. 电工基础[M]. 北京：电子工业出版社，2009.
[8] 周德仁. 电工基础实验[M]. 北京：电子工业出版社，2007.
[9] 李贤温. 电工基础与技能[M]. 北京：电子工业出版社，2006.
[10] 杨亚平. 电工技能与实训[M]. 北京：电子工业出版社，2008.
[11] 周绍敏. 电工基础[M]. 北京：高等教育出版社，2006.
[12] 刘克军. 电工电路制作与调试[M]. 北京：电子工业出版社，2007.
[13] 杨利军. 电工基础[M]. 北京：高等教育出版社，2007.
[14] 孔晓华. 新编电工技术项目教程[M]. 北京：电子工业出版社，2007.
[15] 刘涛. 电工技能训练[M]. 北京：电子工业出版社，2002.
[16] 黄忠琴. 电工电子实验实训教程[M]. 苏州：苏州大学出版社，2005.
[17] 葛金印. 电工技术基础[M]. 北京：电子工业出版社，2008.

反侵权盗版声明

电子工业出版社依法对本作品享有专有出版权。任何未经权利人书面许可，复制、销售或通过信息网络传播本作品的行为；歪曲、篡改、剽窃本作品的行为，均违反《中华人民共和国著作权法》，其行为人应承担相应的民事责任和行政责任，构成犯罪的，将被依法追究刑事责任。

为了维护市场秩序，保护权利人的合法权益，我社将依法查处和打击侵权盗版的单位和个人。欢迎社会各界人士积极举报侵权盗版行为，本社将奖励举报有功人员，并保证举报人的信息不被泄露。

举报电话：（010）88254396；（010）88258888
传　　真：（010）88254397
E-mail：　dbqq@phei.com.cn
通信地址：北京市万寿路 173 信箱
　　　　　电子工业出版社总编办公室
邮　　编：100036